JN313381

航空整備士のための「航空法規等」
― 34のKeyで合格 ―

小山 敏行 著

産業図書

まえがき

　本書は大学の航空工学科の航空整備コースの「航空法規等」の授業で使用している教材を大幅に見直して出版したものです．
　私が大学で「航空法規等」を教え始めた年は前任者が使用していた教科書と航空法の2冊を使いました．ところが授業が終了して，二等航空整備士の学科試験を受験しても「航空法規等」の科目に合格する学生はほとんどいませんでした．これはいけないと考え，手に入る過去問の全てを「学科試験ガイド」のシラバスごとに分類して，条文の何を理解していれば問題の正解が得られるかをメモ取りながら調べました．するとそのメモが30枚ぐらいになりました．2年目からはこれらのメモを Key として補足資料を作りそれを配布して授業で説明しました．その結果，二等航空整備士の学科試験を受験したほとんどの学生が「航空法規等」に合格しました．そこで3年目には過去問と「学科試験ガイド」記載の航空法等の条文と Key で教材を作成して授業で使用してきました．この教材の Key を確実に暗記した学生は全員合格する状態が続いております．
　別冊の演習問題の解答の Key 欄に解答を得るために必要な Key を記載しました．これから34のKeyを記憶しておけば過去問の88％の正解を得ることができます．これから Key を確実に記憶しておくと航空整備士の「航空法規等」の科目は70点以上とれ，合格します．出題の頻度が Key ほど高くないものを8つの 準Key としました．これも別冊の演習問題の解答の Key 欄に対応する 準Key を記載しました．そうすると Key と 準Key を記憶しておくと過去問の93％の正解を得ることができます．またこの Key 欄にfが記載されているのはその解答を得るのに必要な情報が本書のどこに記載されているかを，本文でこの「　　　」が 出題 吹き出しで示しました．そうすると Key 欄の全てに Key か 準Key かfが記載されています．そうです．本書には全ての過去問を解くための情報が記載されているのです．
　本書は最小の努力および最短の時間で航空整備士の学科試験の「航空法規等」に合格するための本です．Good luck!

2011年11月　　　　　　　　　　　　　　　　　　　　　　　　小　山　敏　行

目　次

まえがき iii

第1章　総　　則(1) 1
   1.1　航空法の体系 1
   1.2　この法律の目的 2
   1.3　定　　義 3
   演習問題 5

第2章　総　　則(2) 15
   2.1　滑　空　機 15
   2.2　飛　行　規　程 16
   2.3　整備手順書 17
   2.4　整備及び改造 18
   演習問題 20

第3章　登　　録 27
   3.1　航空機の登録 27
   3.2　航空機の登録の種類 29
      3.2.1　新　規　登　録 29
      3.2.2　変　更　登　録 30
      3.2.3　移　転　登　録 31
      3.2.4　まつ消登録 31
   3.3　登録記号の打刻 33
   3.4　識　別　板 34
   演習問題 35

第4章 航空機の安全性(1) ……43

- 4.1 耐空証明 ……43
  - 4.1.1 耐空証明の必要性 ……43
  - 4.1.2 耐空証明が受けられる航空機 ……44
  - 4.1.3 航空機の用途と運用限界 ……45
  - 4.1.4 耐空証明の検査内容と基準 ……48
  - 4.1.5 耐空証明の検査の省略 ……50
  - 4.1.6 耐空証明の申請手続き ……52
  - 4.1.7 耐空証明の有効期間 ……52
  - 4.1.8 整備改善命令, 耐空証明の効力の停止等 ……53
  - 4.1.9 耐空証明の失効 ……54
  - 4.1.10 試験飛行等の許可 ……55
  - 4.1.11 耐空検査員 ……56
- 4.2 型式証明 ……57
  - 4.2.1 型式設計変更 ……58
  - 4.2.2 追加型式設計変更 ……58
  - 4.2.3 型式証明等の設計の変更の命令および取消 ……59
- 演習問題 ……61

第5章 航空機の安全性(2) ……73

- 5.1 修理改造検査 ……73
  - 5.1.1 修理改造検査とは ……73
  - 5.1.2 修理改造検査の内容と基準 ……75
  - 5.1.3 修理改造検査の申請 ……76
- 5.2 予備品証明 ……77
  - 5.2.1 予備品証明とはなにか ……77
  - 5.2.2 予備品証明の検査内容 ……78
  - 5.2.3 予備品証明におけるみなし処置 ……79
  - 5.2.4 予備品証明の失効 ……80
  - 5.2.5 型式承認・仕様承認 ……81
- 演習問題 ……83

第6章　航空機の安全性（3） 89
- 6.1　発動機等の整備 89
- 6.2　航空機の整備又は改造 91
- 6.3　認定事業場 93
  - 6.3.1　認定事業場とは 93
  - 6.3.2　業務の範囲及び限定 94
  - 6.3.3　認定の基準 96
  - 6.3.4　認定の有効期間 99
  - 6.3.5　法第10条第4項の基準に適合することの確認の方法 100
  - 6.3.6　基準適合証の交付 102
- 演習問題 103

第7章　航空従事者 107
- 7.1　航空従事者技能証明 107
- 7.2　技能証明の限定 107
- 7.3　技能証明の要件および欠格事由等 111
- 7.4　航空整備士の業務範囲 112
- 7.5　試験の実施および申請 113
- 7.6　技能証明の取消等 117
- 演習問題 120

第8章　航空機の運航（1） 127
- 8.1　国籍等の表示 127
- 8.2　航空日誌 130
- 8.3　航空機に備え付ける書類 133
- 8.4　航空機の航行の安全を確保するための装置等 134
  - 8.4.1　官制区等を航行するために装備しなければならない装置 137
  - 8.4.2　航空運送事業の用に供する航空機に装備しなければならない装置 138
  - 8.4.3　航空運送事業の用に供する飛行機以外の飛行機に装備しなければならない装置 139
  - 8.4.4　航空機の運航の状況を記録するための装置 139

8.4.5　航空機の使用者が保存すべき記録 143
　　演習問題 144

第 9 章　航空機の運航 (2) 151
　9.1　救　急　用　具 151
　　　9.1.1　救　急　用　具 151
　　　9.1.2　救急用具の点検 154
　　　9.1.3　特定救急用具の検査 154
　9.2　航空機の燃料 157
　9.3　航空機の灯火 160
　9.4　航空従事者の携帯する書類 161
　9.5　機長の出発前の確認 162
　9.6　地　上　移　動 162
　9.7　爆発物等の輸送禁止 163
　　演習問題 167

第 10 章　航空運送事業等 173
　10.1　運航規程および整備規程 173
　　　10.1.1　運　航　規　程 176
　　　10.1.2　整　備　規　程 176
　10.2　運用許容基準 177
　　演習問題 178

第 11 章　罰　　　則 181
　11.1　耐空証明を受けない航空機の使用等の罪 181
　11.2　無表示等の罪 182
　11.3　所定の航空従事者を乗り組ませない等の罪 182
　11.4　所定の資格を有しないで航空業務を行う等の罪 183
　11.5　技能証明書を携帯しない等の罪 184
　　演習問題 185

第 12 章　人間の能力及び限界に関する一般知識 ··· 187
　12.1　ヒューマンファクター ··· 187
　　12.1.1　ヒューマンファクター ··· 187
　　12.1.2　SHEL モデル ·· 188
　　12.1.3　人間の能力の限界 ·· 190
　12.2　ヒューマンエラーの管理 ·· 192
　演習問題 ·· 195

航空法施行規則 ·· 199
参　考　文　献 ·· 211
索　　　引 ·· 213
演習問題の解答 ·· 別冊

第 1 章　総　則（1）

1.1　航空法の体系

　本節では航空法がどのような法律で構成され体系づけられているかを説明します。

　航空法は国際民間航空条約の規定，同条約の附属書として採択された標準，方式および手続きに準拠して制定され，10章199箇条，附則および別表から構成され，航空行政全般に関する基本法となっています。

> 「航空法第1章に掲げられている事項は何か」で 出題

　第 1 章　　**総則**（第 1 条〜第 2 条）
　第 2 章　　**登録**（第 3 条〜第 9 条）
　第 3 章　　**航空機の安全性**（第 10 条〜第 21 条）
　第 4 章　　**航空従事者**（第 22 条〜 36 条）
　第 5 章　　**航空路，飛行場および航空保安施設**（第 37 条〜第 56 条の 4）
　第 6 章　　**航空機の運航**（第 57 条〜第 99 条の 2）
　第 7 章　　**航空運送事業等**（第 100 条〜第 125 条）
　第 8 章　　**外国航空機**（第 126 条〜第 131 条の 2）
　第 9 章　　**雑則**（第 133 条〜第 137 条の 3）第 132 条削除
　第 10 章　　**罰則**（第 143 条〜第 162 条）第 138 条〜第 142 条まで削除

　この中でも特に航空機の整備に関係の深いものは，**第 1 章，第 2 章，第 3 章，第 4 章，第 6 章，第 7 章，第 10 章**です。
　航空法の施行に伴い，航空法施行規則，航空法施行規則附属書，耐空性審査要領および航空法施行令が制定されています。これらを体系図で示すと**図 1.1**のとおりです。

図 1.1 の①，②および③の基準を総称して「航空法 第 10 条第 4 項の基準」または単に「耐空性基準」，①を「安全性基準」，②を「騒音の基準」，③を「発動機の排出物の基準」と，それぞれ略称します．

なお本書では簡略化のため航空法の条文は「法 第○○条……」，航空法施行規則の条文を「規 第○○条……」で示します．

上記以外に，法に基づく国土交通省告示，耐空性改善通報，サーキュラーなどがあります．

```
                    航空法
                      │
                      ├──────────── 航空法施行令
                      │
                  航空法施行規則
                      │
    ┌─────────────────┼─────────────────┐
 航空法施行規則    航空法施行規則    航空法施行規則
 附属書第 1  ①   附属書第 2  ②   附属書第 3  ③
 航空機および装備品  航空機の騒音の基準  航空機の発動機の
 の安全性を確保する                    排出物の基準
 ための強度，構造
 および性能について
 の基準
                   耐空性審査要領
```

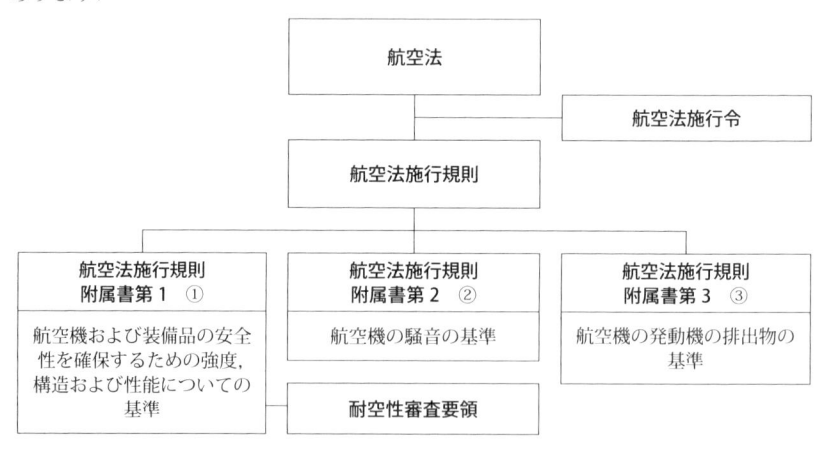

図 1.1　航空法の体系

1.2　この法律の目的

本節では航空法の目的について説明します．

> 航空法条文は四角枠で囲む（以下同じ）

（この法律の目的）
- 法　第 1 条　この法律は，国際民間航空条約の規定並びに同条約の附属書として採択された標準，方式及び手続に準拠して，航空機の航行の安全及び航空機の航行に起因する障害の防止を図るための方法を定め，並びに航空機を運航して営む事業の適正かつ合理的な運営を確保して輸送の安全を確保するとともにその利用者の利便の増進を図ることにより，航空の発達を図り，もつて公共の福祉を増進することを目的とする．

> **Key-1** 航空法第1条はこの法律の目的を記述
>
> (1) 国際民間航空条約に 準拠 →航空機の 航行の安全 とそれに 起因する 障害の防止
> (2) 航空を運航して営む事業の適切かつ 合理的な運営 及び 輸送の安全 を確保→ 利用者の利便の増進
> (3) 航空の発達を図り もって， 公共の福祉を増進
>
> 下記は航空法の目的ではない．
>
> （ⅰ）「航空機の製造及び修理の方法を規律して生産技術の向上を図る．」← 航空機製造事業法の目的．「製造」とか「整備」が出てくれば該当しない．
> （ⅱ）航空従事者の福祉の増進または技能の発達

1.3 定　義

本節では法 第2条の全部で20項目の定義の内，学科試験の合格のために記憶すべき8項目について説明します．

> （定義）
>
> （条に複数の項があるとき，第1項は1と表示はしません．（以下同じ））
>
> ・法　第2条　この法律において「航空機」とは，人が乗つて航空の用に供することができる飛行機，回転翼航空機，滑空機及び飛行船その他政令で定める航空の用に供することができる機器をいう．
>
> （アラビア数字2は第2項を表す）
>
> 2　この法律において「航空業務」とは，航空機に乗り組んで行うその運航（航空機に乗り組んで行う無線設備の操作を含む．）及び整備又は改造をした航空機について行う第19条第2項に規定する確認をいう．
> 3　「航空従事者」とは，第22条の航空従事者技能証明を受けた者をいう．
> 16　この法律において「計器飛行」とは，航空機の姿勢，高度，位置及び針路の測定を計器にのみ依存して行う飛行をいう．

Key-2 絶対に暗記すべき定義8選（その1）

(1) 航空機
　① 飛行機　② 回転翼航空機　③ 滑空機　④ 飛行船
　⑤ 政令で定める航空の用に供することができる機器
(2) 航空業務
　① 航空機に乗り組んで行うその運航（そこでの無線設備の操作を含む）
　② 整備又は改造した航空機について行う法第19条第2項に規定する確認
(3) 航空従事者
　航空従事者技能証明を受けた者←これ以外の選択肢は全て誤り
(4) 計器飛行　　航空機の姿勢，高度，位置及び針路の測定を計器にのみ依存して行う飛行

（定義）
・法　第2条
　18　この法律において「**航空運送事業**」とは，他人の需要に応じ，航空機を使用して有償で旅客又は貨物を運送する事業をいう．
　19　この法律において「**国際航空運送事業**」とは，本邦内の地点と本邦外の地点との間又は本邦外の各地間において行う航空運送事業をいう．
　20　この法律において「**国内定期航空運送事業**」とは，本邦内の**各地間**に路線を定めて**一定の日時**により航行する航空機により行う航空運送事業をいう．
　21　この法律において「**航空機使用事業**」とは，他人の需要に応じ，航空機を使用して有償で**旅客又は貨物の運送以外**の行為の請負を行う事業をいう．

Key-3 ・絶対に暗記すべき定義8選（その2）——各事業の名称を正しく憶えること

(5) 航空運送事業

　他人の需要に応じ，航空機を使用して有償で旅客又は貨物を運送する事業　（例：JAL，ANA等）

（両定義とも下線部は同じ）

(6) 航空機使用事業

　他人の需要に応じ，航空機を使用して有償で旅客又は貨物の運送以外の行為の請負を行う事業

　（例：宣伝飛行，田畑や森林の薬剤撒布，写真撮影飛行等）

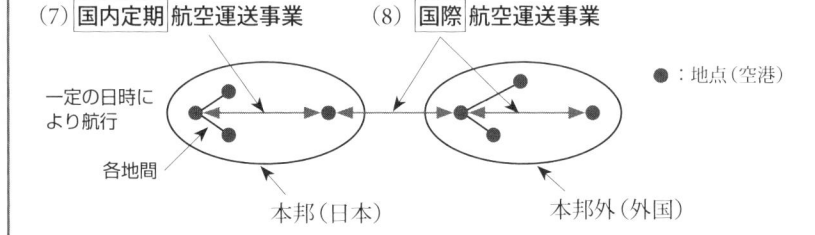

(7) 国内定期航空運送事業　　(8) 国際航空運送事業

● ：地点（空港）
一定の日時により航行
各地間
本邦（日本）
本邦外（外国）

演習問題

問1　航空法第1章に掲げられている事項は次のうちどれか．
(1) 登録　(2) 総則　(3) 航空機の安全　(4) 航空従事者

問2　航空法第1条に掲げられている事項は次のどれか．
(1) 航空法の目的　　　　　　(2) 用語の「定義」
(3)「航空法をここに公布する」の文言
(4)「航空法をここに公布する」の文言及び施行の日付　　　　　　　　（☆☆☆）

（☆の数が出題回数を表します（以下同じ））

問3　航空法第1条に掲げられている事項は次のうちどれか．
(1) 総則　(2) 定義　(3) 登録　(4) この法律の目的　　　　　　　　（☆☆）

問4　航空法第1条に掲げられている事項は次のうちどれか．
(1) 航空機の登録　　　　　(2) 法律の目的
(3) 罰則規定　　　　　　　(4) 法律施行の日付
(5) 総則　　　　　　　　　(6) 航空機の安全性　　　　　　　　　（☆☆☆）

問5　航空法の基本的理念について次のうち誤っているものはどれか．
(1) 航空機の運航に関する安全の確保
(2) 航空運送事業の健全な育成による公衆の利便増進
(3) 国際法が基本
(4) 航空機の製造事業に関する国民経済の健全性

問6　航空法の基本的理念について次のうち誤っているものはどれか．
(1) 航空機の運航に関する安全の確保　　　(2) 航空従事者の福祉の増進
(3) 航空機を運航する事業の合理的な運営　(4) 航空の発達　　　　（☆☆）

問7　次のうち，航空法第1条「この法律の目的」の中で述べられていないものはどれか．
(1) 公共の福祉を増進することを目的とする．
(2) 航空機を運航して営む事業の適正かつ合理的な運営を確保してその利用者の利便の増進を図る．
(3) 国際民間航空条約の規定並びに同条約の付属書として採択された標準，方式及び手続きに準拠する．
(4) 航空機の製造及び修理の方法を規律して生産技術の向上を図る．　　　（☆☆）

問8　航空法第1条の法律の目的に揚げられていない事項は次のどれか．
(1) 公共の福祉を増進する．
(2) 航空機を運航して営む事業の適正な運営を確保する．
(3) 国際民間航空条約に準拠する．
(4) 航空機の製造及び修理の方法を規律してその生産技術の向上を図る．

問9　航空法の基本的理念について次のうち誤っているものはどれか．
(1) 航空機の航行の安全
(2) 航空機を製造して営む事業の適正な運営
(3) 航空の発達

(4) 航空機の航行に起因する障害の防止 (☆☆)

問 10　航空法第 1 条に掲げられる法律の目的を抜粋した文で次のうち誤っているものはどれか．
(1) 航空機の航行の安全　　(2) 航空機を運航して営む事業の適正な運営
(3) 航空従事者の技能の発達　(4) 利用者の利便の増進 (☆☆)

問 11　航空法の基本的理念に含まれないものはどれか．
(1) 国際民間航空条約に準拠すること
(2) 日米航空安全保障条約の順守
(3) 航空機の運航に関する安全を確保すること
(4) 航空運送事業の健全な育成による公衆の利便増進

問 12　航空法第 1 条「この法律の目的」に述べられている項目で次のうち誤っているものはどれか．
(1) 利用者の福祉の増進　　(2) 航空の発達
(3) 輸送の安全　　　　　　(4) 航空機の航行に起因する障害の防止

問 13　航空法第 1 条に掲げられる法律の目的を抜粋した文で次のうち誤っているものはどれか．
(1) 航空機の航行に起因する障害の防止　(2) 航空の発達
(3) 航空機を整備して営む事業の管理，監督　(4) 公共の福祉の増進

問 14　航空法第 1 条に掲げられる法律の目的を抜粋した文で次のうち誤っているものはどれか．
(1) 航空機の航行に起因する障害の防止
(2) 航空機を整備して営む事業の管理，監督
(3) 航空の発達　　(4) 公共の福祉の増進 (☆☆)

問 15　航空法第 1 条の基本理念について次のうち誤っているものはどれか．
(1) 航空の発達　　(2) 航空機を運航する事業の合理的な運営
(3) 航空法の遵守　(4) 航空機の運航に関する安全の確保

問 16　次のうち，航空法でいう「航空機」の定義として正しいものはどれか．
(1) 人が乗って航空の用に供することができる飛行機及び回転翼航空機その他政令

で定める航空の用に供することができる機器をいう．
(2) 人が乗って航空の用に供することができる飛行機，回転翼航空機及び滑空機その他政令で定める航空の用に供することができる機器をいう．
(3) 人が乗って航空の用に供することができる飛行機，回転翼航空機及び飛行船その他政令で定める航空の用に供することができる機器をいう．
(4) 人が乗って航空の用に供することができる飛行機，回転翼航空機，滑空機及び飛行船その他政令で定める航空の用に供することができる機器をいう．（☆☆）

問17 航空法でいう「航空機」とは次のうちどれか．（　）の個所が有る問題と無い問題が出題された（以下同じ）
(1) 飛行機，回転翼航空機，滑空機，飛行船，気球，（超軽量動力機及び宇宙船）
(2) 飛行機，回転翼航空機，滑空機，飛行船，超軽量動力機及び宇宙船
(3) 飛行機，回転翼航空機，滑空機，飛行船，気球及び超軽量動力機
(4) 飛行機，回転翼航空機，滑空機及び飛行船　　　　　　　　（☆☆☆☆）

問18 次のうち，航空法で定義される「航空業務」に含まれていないものはどれか．下線部が［　　］と入れ替わる問題が出題された（以下同じ）
(1) 国土交通大臣が，航空機の型式の設計について行う型式証明検査［運航管理者の行う飛行計画の承認，空港内での航空機の誘導］
(2) 航空機に乗り組んで行うその運航
(3) 航空機に乗り組んで行う無線設備の操作
(4) 整備又は改造をした航空機について行う航空法第19条第2項に規定する確認
（☆☆☆☆☆）

問19 次のうち，航空法で定義する「航空業務」に含まれているものはどれか．
(1) 型式証明検査　　　(2) 航空機の航空機登録原簿への登録
(3) 耐空証明検査　　　(4) 航空機に乗り組んで行う無線設備の操作　（☆☆☆）

問20 航空法で定義する「航空業務」の具体例として次のうち正しいものはどれか．
(1) 航空整備士が運航中の航空機に乗務して行う外部監視
(2) 操縦士が地上整備中の航空機で行う無線設備の操作
(3) 航空整備士が確認行為を伴って行う発動機の運転操作
(4) 航空整備士が軽微な保守作業後に行う搭載用航空日誌への署名　（☆☆☆）

問 21 航空法における「航空業務」の定義に含まれないものは次のうちどれか．
(1) 修理改造検査
(2) 整備又は改造をした航空機について行う航空法第 19 条第 2 項に規定する確認
(3) 航空機に乗り組んで行うその運航
(4) 航空機に乗り組んで行う無線設備の操作 (☆☆)

問 22 航空法で定義する「航空業務」に含まれているもので次のうち正しいものはどれか．
(1) 無線設備の整備　　　　　　　(2) 航空保安施設の保守
(3) 空港内での航空機の誘導
(4) 整備又は改造をした航空機について行う航空法第 19 条第 2 項に規定する確認
(☆☆)

問 23 整備又は改造をした航空機について行う航空業務として次のうち正しいものはどれか．
(1) 航空法第 19 条第 2 項に規定する確認
(2) 航空法第 19 条第 1 項に規定する確認
(3) 航空法施行規則第 19 条第 1 項に規定する確認
(4) 航空法施行規則第 19 条第 2 項に規定する確認
(5) 耐空性審査要領第 19 条第 1 項に規定する確認
(6) 耐空性審査要領第 19 条第 2 項に規定する確認 (☆☆)

問 24 航空法に定義されている「航空従事者」とは次のうちどれか．
(1) 航空機に乗り組んで運航に従事する者をいう．
(2) 法第 19 条の確認を行う者をいう．
(3) 航空機の運航又は整備に従事する者をいう．
(4) 航空従事者技能証明を受けた者をいう． (☆☆☆)

問 25 航空法に定義されている「航空従事者」とは次のうちどれか．
(1) 航空従事者技能証明を受けた者をいう．
(2) 航空機に乗り組んで行うその運航に従事する者をいう．
(3) 法第 19 条第 2 項に規定する確認の行為に従事を行う者をいう．
(4) 航空機に乗り組んで行うその運航及び航空機の整備又は改造に従事する者をいう． (☆☆)

問 26 航空法における「航空従事者」の定義で次のうち正しいものはどれか．
(1) 航空機に乗り組んで航空業務に従事する者，及び整備又は改造後の航空機について確認を行う者
(2) 航空機乗組員
(3) 航空に関係する業務に従事する者の総称
(4) 航空従事者技能証明を受けた者　　　　　　　　　　　　　（☆☆☆☆☆）

問 27 航空法における「航空従事者」の定義として次のうち正しいものはどれか．
(1) 整備をした航空機について確認を行う者
(2) 航空従事者技能証明を受けた者
(3) 航空機乗組員及び整備要員
(4) 航空に関する業務に従事する者の総称

問 28 「航空従事者」の定義で次のうち正しいものはどれか．
(1) 航空機に乗り組んで運航に従事する者
(2) 航空従事者技能証明を受けた者
(3) 法第 19 条第 2 項の確認を行う者
(4) 航空機に乗り組んで行う無線設備の操作を行う者　　（☆☆☆☆☆☆）

問 29 航空法で定義される「航空従事者」である者の具体例として次のうち正しいものはどれか．
(1) 技能証明はないが実地試験に合格している者
(2) 技能証明はないが航空機に乗務して運航を補佐している者
(3) 技能証明はあるが航空に従事していない者
(4) 技能証明はないが航空機の整備業務に 5 年以上従事している者

問 30 航空法で定義される「航空従事者」である者の具体例として次のうち正しいものはどれか．
(1) 技能証明はないが学科試験に合格し実地試験を申請中である者
(2) 航空工場整備士の技能証明を有する者
(3) 運航管理者の資格を有する者
(4) 技能証明を返納して 1 年を経過していない者　　　　　　（☆☆☆☆）

問 31 航空法で定義される「航空従事者」で次のうち正しいものはどれか．
(1) 技能証明はないが実地試験に合格している者
(2) 運航管理者技能検定合格証明書を持ち飛行計画（フライトプラン）を作ること
(3) 技能証明はあるが航空に従事していない者
(4) 技能証明を返納して 1 年を経過していない者　　　　　　　　　（☆☆☆）

問 32 航空法における「計器飛行」の定義として正しいものはどれか．
(1) 航空機の姿勢，高度，位置及び針路の測定を計器にのみ依存して行う飛行
(2) 国土交通大臣が定める経路における飛行を国土交通大臣が与える指示に常時従って行う飛行の方式
(3) 航空交通管制区における飛行を国土交通大臣が経路その他の飛行の方法について与える指示に常時従って行う飛行の方式　　　　　　　　　（☆☆☆）

問 33　航空運送事業について正しいものは次のどれか．
(1) 他人の需要に応じ，航空機を使用して有償で旅客または貨物の運送以外の行為の請負を行う事業をいう．
(2) 他人の需要に応じ，有償で航空運送事業を経営する者の行う運送を利用し運送する事業をいう．
(3) 他人の需要に応じ，航空機を使用して有償で旅客または貨物を運送する事業をいう．
(4) 各地点間に路線を定めて，一定の日時により航行する航空機により行う航空運送事業をいう．　　　　　　　　　（☆☆☆）

問 34 「航空運送事業」の定義について正しいものは次のうちどれか．
(1) 他人の需要に応じ，航空機を使用して有償で貨物を運送する事業をいう．
(2) 他人の需要に応じ，航空機を使用して有償で旅客又は貨物を運送する事業をいう．
(3) 各地間に路線を定めて，一定の日時により航行する航空機により行う運送事業をいう．
(4) 他人の需要に応じ，航空事業を経営する者の行う運送を利用して有償で貨物を運送する事業をいう．

問 35 「航空運送事業」の定義で次のうち正しいものはどれか．
(1) 他人の需要に応じ，航空機を使用して有償で貨物を運送する事業をいう．

(2) 他人の需要に応じ，航空事業を経営する者の行う運送を利用して有償で貨物を運送する事業をいう．
(3) 他人の需要に応じ，航空機を使用して有償で旅客又は貨物を運送する事業をいう．
(4) 各地間に路線を定めて，一定の日時により航行する航空機により行う運送事業をいう．

問 36 航空機使用事業について正しいものは次のうちどれか．
(1) 他人の需要に応じ，航空機を使用して有償で旅客又は貨物の運送以外の行為の請負を行う事業をいう．
(2) 他人の需要に応じ，航空運送事業を経営する者の行う運送を利用して[営む者の航空機を使用して有償で]貨物の運送を請け負う[を運送する]事業をいう．
(3) 他人の需要に応じ，航空機を使用して有償で(旅客または)貨物を運送する事業をいう．
(4) 他人の需要に応じ，不定の区間で不定の日時に航空機を使用して行う運送事業をいう．　　　　　　　　　　　　　　　　　　　　　　　(☆☆☆)

問 37 「航空機使用事業」の定義として次の中から正しいものを選べ．
(1) 他人の需要に応じ，航空運送事業を行う者の航空機を使用して有償で旅客又は貨物の運送を行う事業をいう．
(2) 他人の需要に応じ，航空機を使用して有償で旅客又は貨物の運送以外の行為の請負を行う事業をいう．
(3) 他人の需要に応じ，航空機を使用して有償で不定の区間の貨物の運送を行う事業をいう．
(4) 他人の需要に応じ，航空機を使用して有償で不定の区間の旅客の運送を行う事業をいう．　　　　　　　　　　　　　　　　　　　　　　　(☆☆☆)

問 38 航空機使用事業について正しいものは次のうちどれか．
(1) 他人の需要に応じ，航空機を使用して有償で旅客又は貨物の運送以外の行為の請負を行う事業をいう．
(2) 他人の需要に応じ，有償で航空運送事業を経営する者の行う運送を利用して貨物の運送する事業をいう．
(3) 他人の需要に応じ，航空機を使用して有償で旅客又は貨物を運送する事業を

いう．
(4) 各地間［一の地点と他の地点との間］に路線を定めて，一定の日時によりより航行する航空機により行う運送事業をいう．

問39 航空機を使用して行う次の行為で「航空機使用事業」に該当するものはどれか．
(1) 無償の旅客および有償の貨物の同時輸送
(2) 有償での写真撮影および宣伝飛行
(3) 有償の旅客および無償の貨物の同時輸送
(4) 有償，無償にかかわらず貨物のみの輸送　　　　　　　　　　　（☆☆）

問40 航空法第2条で定義される航空機を運航して営む「事業」の名称として次のうち正しいものはどれか．
(1) 国内定期航空運送事業　　(2) 定期航空運送事業
(3) 使用事業　　　　　　　　(4) 利用事業　　　　　　　　　　　（☆☆）

問41 航空法第2条で定義される航空機を運航して営む「事業」の名称として次のうち正しいものはどれか．
(1) 定期航空運送事業　　　　(2) 国内航空運送事業
(3) 航空運送事業　　　　　　(4) 航空機利用事業

問42 航空法第2条で定義される航空機を運航して営む「事業」の名称として次のうち正しいものはどれか．
(1) 定期航空運送事業　　　　　(2) 国内航空運送事業
(3) 航空機利用事業　　　　　　(4) 国際航空運送事業

問43 「国内定期航空運送事業」の定義で次のうち正しいものはどれか．
(1) 本邦内の各地間に路線を定めて一定の日時により航行する航空機により行う航空運送事業をいう．
(2) 本邦内の各地間に路線を定めて一定の時刻により所有する航空機を航行して行う航空運送事業をいう．
(3) 本邦内の2地点間に路線を定めて一定の時刻により航行する航空機により行う航空運送事業をいう．
(4) 本邦内の2地点間に路線を定めて一定の日時により所有する航空機を航行して

行う航空運送事業をいう． (☆☆☆)

問44 航空法で定義する「航空業務」の具体例として次のうち正しいものはどれか．
(1) 航空整備士が運航中の航空機に乗務して行う外部監視
(2) 操縦士が地上整備中の航空機で行う無線設備の操作
(3) 航空整備士が訓練の為に行う発動機の運転操作
(4) 航空整備士が修理作業後に行う搭載用航空日誌への署名 (☆☆☆)

第2章 総　則（2）

本章では航空法施行規則「第1章 総則」の中の滑空機，飛行規程，整備手順書，整備及び改造について説明します．

2.1 滑空機

本節では**規第5条の3**で定められている滑空機の種類について説明します．

> 航空法施行規則の条文の左端に線を引く．
> ただし，表の個所は除く．（以下同じ）

（滑空機）
・規　第5条の3　滑空機の種類は，左の四種とする

> 漢数字一は第一号を表す．

　　　一　**動力滑空機**（附属書第1に規定する耐空類別動力滑空機の滑空機をいう．）
　　　二　**上級滑空機**（附属書第1に規定する耐空類別曲技Aの滑空機並びに実用Uの滑空機であつて中級滑空機及び初級滑空機以外のものをいう．）
　　　三　**中級滑空機**（附属書第1に規定する耐空類別実用Uの滑空機のうち，曲技飛行及び航空機えい航に適しないものであつて，ウインチえい航〔自動車によるえい航を含む．次号において同じ〕に適するものをいう．）
　　　四　**初級滑空機**（附属書第1に規定する耐空類別実用Uの滑空機のうち曲技飛行，航空機えい航及びウインチえい航に適しないものをいう．）

> 「滑空機の種類」が**出題**

2.2 飛行規程

　本節ではパイロットがその飛行機を操縦するのに必須の事項をまとめた飛行規程すなわちFlight Manual（フライトマニュアル）にどのような事項を記載すべきかを説明します．これらは**規第5条の4**で定められています．

（飛行規程）
- 規　第5条の4　飛行規程は，次に掲げる事項を記載した書類とする．
  - 一　航空機の概要
  - 二　航空機の限界事項
  - 三　非常の場合にとらなければならない各種装置の操作その他の措置
  - 四　通常の場合における各種装置の操作方法
  - 五　航空機の性能
  - 六　航空機の騒音に関する事項
  - 七　発動機の排出物に関する事項

Key-4　飛行規定の記載内容

(1) 航空機の 概要　　(2) 航空機の 限界事項
(3) 非常の場合 にとらなければならない 各種装置の操作その他の措置
(4) 通常の場合 における 各種装置の操作方法
(5) 航空機の 性能
(6) 航空機の 騒音 に関する事項　　(7) 発動機の 排出物 に関する事項

　過去問は何れも「記載されていない内容」（整備関連の「不具合の是正の方法」，「定期点検に関する事項」，「運用許容基準」及び「発動機の性能」等）でパイロットが知らなくても良い事項を問うものである．

2.3 整備手順書

本節では**規第5条の5**で定められている整備手順書にどのような事項を記載すべきかを説明します．

（整備手順書）
- 規　第5条の5　整備手順書は，次に掲げる事項を記載した書類とする．
    - 一　航空機の構造並びに装備品及び系統に関する説明
    - 二　航空機の定期の点検の方法，航空機に発生した不具合の是正の方法その他の航空機の整備に関する事項
    - 三　航空機に装備する発動機，プロペラ及び第31条第1項の装備品の限界使用時間
    - 四　その他必要な事項

Key-5　整備手順書の記載内容

(1) 航空機の 構造 並びに 装備品及び系統に関する説明
(2) 航空機の 定期の点検方法 ， 発生した不具合の是正の方法 ，その他の整備に関する事項
(3) 発動機等の 限界使用時間 （第6章参照）

　過去問はいずれも「記載されない内容」（各種装置の操作方法等飛行規程の記載内容）を問うものである．

2.4 整備及び改造

本節では**規第 5 条の 6** で定められている整備及び改造の作業区分と作業内容を説明します．

> **（整備及び改造）**
> ・規　第 5 条の 6　整備又は改造の作業の内容は，次の表に掲げる作業の区分ごとに同表に定めるとおりとする．

作業の区分			作業内容
整備	保守	軽微な保守	簡単な保守予防作業で，緊度又は間隙の調整および複雑な結合作業を伴わない規格装備品又は部品の交換
		一般的な保守	軽微な保守以外の保守作業
	修理	軽微な修理	耐空性に及ぼす影響が軽微な範囲にとどまり，かつ，複雑でない修理作業であつて，当該作業の確認において動力装置の作動点検その他複雑な点検を必要としないもの
		小修理	軽微な修理及び大修理以外の修理作業
		大修理	次のいずれかの修理作業 1. 次に掲げる修理作業その他の耐空性に大きな影響を及ぼす複雑な修理作業 　イ．主要構造部材の強度に相当の影響を及ぼす恐れのある伸ばし，継ぎ，溶接又はこれに類似した作業 　ロ．複雑な又は特殊な技量又は装置を必要とする作業 2. その仕様について第 14 条第 1 項の国土交通大臣の承認を受けていない装備品又は部品を用いる修理作業
改造		小改造	重量，強度，動力装置の機能，飛行性その他耐空性に重大な影響を及ぼさない改造であつて，その仕様について第 14 条第 1 項の国土交通大臣の承認を受けた装備品又は部品を用いるもの
		大改造	小改造以外の改造

作業区分「軽微な保守」の作業内容で，緊度（きんど）はボルトやナットの締め付けトルクのこと，また間隙（かんげき）はギャップのことです．

保守以外の作業は作業内容が「耐空性に影響を及ぼすか否か」で区分されています．

2.4 整備及び改造

Key-6 整備と改造の作業区分―学科試験に受かりたい人はこの表を自分で書けるようにしてください．作業の区分は **7 区分**です．その内暗記すべきは「軽微な保守」および「軽微な修理」，「大修理」，「小改造」の4つです．あとの3つの作業内容は○○以外の○○作業または改造です．

表中の( )の中の数字は過去問の出題数を示す．「改造」が出題されていません．「修理」が一番多く出題されています．

作業の区分（10）		作業内容
整備	保守 — 軽微な保守（6）	簡単な保守予防作業で，緊度又は間隙の調整および複雑な結合作業を伴わない規格装備品又は部品の交換
	保守 — 一般的な保守（7）	軽微な保守以外の保守作業
	修理（4） — 軽微な修理（9）	耐空性に及ぼす影響が軽微な範囲にとどまり，かつ，複雑でない修理作業であつて，当該作業の確認において動力装置の作動点検その他複雑な点検を必要としないもの
	修理（4） — 小修理（4）	軽微な修理及び大修理以外の修理作業
	修理（4） — 大修理（5）	次のいずれかの修理作業 1. 次に掲げる修理作業その他の耐空性に大きな影響を及ぼす複雑な修理作業 　イ．主要構造部材の強度に相当の影響を及ぼす恐れのある伸ばし，継ぎ，溶接又はこれに類似した作業 　ロ．複雑な又は特殊な技量又は装置を必要とする作業 2. その仕様について第14条第1項の国土交通大臣の承認を受けていない装備品又は部品を用いる修理作業
改造	小改造	重量，強度，動力装置の機能，飛行性その他耐空性に重大な影響を及ぼさない改造であつて，その仕様について第14条第1項の国土交通大臣の承認を受けた装備品又は部品を用いるもの
	大改造	小改造以外の改造

演習問題

問1 滑空機の種類で次のうち正しいものはどれか．
(1) 初級滑空機，中級滑空機，上級滑空機，動力滑空機
(2) 初等滑空機，中等滑空機，上等滑空機，動力等滑空機
(3) 3級滑空機，2級滑空機，1級滑空機，動力級滑空機
(4) 初級滑空機，中級滑空機，上級滑空機，動力級滑空機

問2 次のうち，飛行規程の記載事項として定められていないものはどれか．
(1) 運用許容基準　　　　　(2) 航空機の性能
(3) 発動機の騒音に関する事項　(4) 航空機の概要
(5) 通常の場合における各種装置の操作方法　　　　　　　（☆☆☆☆）

問3 次のうち，飛行規程の記載事項として定められていないものはどれか．
(1) 航空機の限界事項　　　(2) 航空機の性能
(3) 航空機の騒音に関する事項　(4) 航空機に発生した不具合の是正の方法
(5) 通常の場合における各種装置の操作方法　(6) 航空機の概要　（☆☆）

問4 次のうち，飛行規程の記載事項として定められていないものはどれか．
(1) 発動機の性能　　　　　(2) 発動機の排出物に関する事項
(3) 航空機の限界事項　　　(4) 航空機の騒音に関する事項
(5) 非常の場合にとらなければならない各種装置の操作その他の措置
(6) 通常の場合における各種装置の操作方法　　　　　　　（☆☆）

問5 次のうち，飛行規程の記載事項として定められていないものはどれか．
(1) 発動機の排出物に関する事項　(2) 航空機の限界事項
(3) 航空機の騒音に関する事項　　(4) 航空機の定期点検に関する事項
(5) 非常の場合にとらなければならない各種装置の操作その他の措置
(6) 通常の場合における各種装置の操作方法

問6 飛行規程の記載事項として定められている項目で次のうち誤っているものはどれか．
(1) 航空機の概要　(2) 航空機の性能　(3) 発動機の排出物に関する事項
(4) 飛行中の航空機に発生した不具合の是正の方法 [その他必要事項]　（☆☆）

問7　飛行規程の記載事項として定められている項目で次のうち誤っているものはどれか．
(1) 発動機の性能　　　(2) 発動機の排出物に関する事項
(3) 航空機の限界事項　(4) 航空機の騒音に関する事項
(5) 非常の場合にとらなければならない各種装置の操作その他の措置
(6) 通常の場合における各種装置の操作方法　　　　　　　　　（☆☆）

問8　飛行規程の記載事項でないものは次のうちどれか．
(1) 航空機の概要　　　(2) 航空機の性能
(3) 運用許容基準　　　(4) 発動機の排出物に関する事項
((5) 通常の場合における各種装置操作方法)　　　（☆☆☆☆☆☆）

問9　飛行規程の記載事項でないものは次のうちどれか．
(1) 航空機の限界事項　　　　　　　(2) 航空機の性能　　　　（☆☆）
(3) 航空機に発生した不具合の是正の方法　(4) 航空機の騒音に関する事項

問10　施行規則第五条の五「整備手順書」の記載内容について次のうち誤っているものはどれか．
(1) 航空機の装備品及び系統に関する説明
(2) 航空機に発生した不具合の是正方法
(3) 通常の場合における各種装置の操作方法
(4) 航空機に装備する発動機及びプロペラの限界使用時間　　（☆☆☆☆☆☆）

問11　整備手順書に記載すべき事項として次のうち誤っているものはどれか．
(1) 航空機の性能　　　(2) 航空機の構造に関する説明
(3) 装備品及び系統に関する説明
(4) 装備する発動機の限界使用時間［航空機の定期点検の方法］　（☆☆）

問12　整備と改造は，全部でいくつの「作業の区分」に分けられているか．次の中から正しいものを選べ．
(1) 5区分　(2) 6区分　(3) 7区分　(4) 8区分

問13　航空法施行規則でいう「作業の区分」について次の中から正しいものを選べ．
(1) 保守は，修理と整備に区分される．
(2) 保守は，修理と整備と改造に区分される．

(3) 修理は，保守と整備に区分される．
(4) 修理は，保守と整備と改造に区分される．
(5) 整備は，保守と修理に区分される．
(6) 整備は，保守と修理と改造に区分される． （☆☆☆☆☆）

問 14 作業の区分について述べた次の文章のうち正しいものはどれか．
(1) 保守は，軽微な保守と一般的保守に区分される．
(2) 修理は，小修理と大修理に区分される．
(3) 整備は，修理と改造に区分される．
(4) 整備は，保守と修理及び改造に区分される． （☆☆☆）

問 15「軽微な保守」作業の定義を記した次の文章で(A)と(B)にあてはまる語句として(1)～(4)のうち正しいものはどれか．
【簡単な(A)作業で，緊度又は(B)及び複雑な結合作業を伴わない規格装備品又は部品の交換】

(1) A：修理　　　　B：特殊な技量
(2) A：保守予防　　B：締結
(3) A：間隙の調整　B：特殊な技量
(4) A：保守予防　　B：間隙の調整 （☆☆）

問 16 次の記述について（　）内にあてはまるものはどれか．
　軽微な保守とは，簡単な(A)作業で緊度又は(B)及び複雑な結合を伴わない規格装備品又は部品の交換をいう．

イ　修理　ロ　締結　ハ　間隙の調整　ニ　特殊な技量　ホ　保守予防
(1) A－イ　B－ニ
(2) A－ホ　B－ロ
(3) A－ハ　B－ニ
(4) A－ホ　B－ハ （☆☆☆☆）

問 17 一般的保守について次のうち正しいものはどれか．
(1) 耐空性に及ぼす影響が軽微で，確認に動力装置の作動や複雑な点検を必要としないもの
(2) 簡単な保守予防作業で，複雑な結合を伴わない規格装備品の交換作業

(3) 簡単な保守予防作業で，緊度又は間隙の調整を伴わない部品の交換
(4) 軽微な保守以外の保守作業　　　　　　　　　　　　（☆☆☆☆☆☆）

問18　施行規則第五条の六の表に掲げられた作業の区分のうち，「修理」に含まれる内容について次のうち正しいものはどれか．
(1) 軽微な保守，一般的保守，軽微な修理，小修理，大修理
(2) 一般的保守，軽微な修理，小修理，大修理
(3) 一般的保守［修理］，軽微な修理，小修理，（大修理）
(4) 軽微な修理，小修理，大修理　　　　　　　　　　　　（☆☆☆）

問19　作業の区分で「修理」の項目を全て含むものとして次のうち正しいものはどれか．
(1) 一般的保守，軽微な修理，小修理　　(2) 軽微な修理，小修理，大修理
(3) 一般的な修理，小修理，大修理　　　(4) 小修理，大修理，小改造

問20　「小修理」の定義として次のうち正しいものはどれか．
(1) 緊度又は間隙の調整及び複雑な結合作業を伴わない規格装備品の交換又は修理
(2) 耐空性に重大な影響を及ぼさない作業であって，その仕様について国土交通大臣の承認を受けた装備品又は部品を用いるもの
(3) 耐空性に及ぼす影響が軽微な範囲にとどまり，かつ複雑でない整備作業
(4) 軽微な修理及び大修理以外の修理作業

問21　「小修理」の定義を述べた次の文章の（　）内に適合する語句として正しいものはどれか．
　　【（　　　　　　　）以外の修理作業】
(1) 一般的保守及び軽微な修理　　　　　(2) 保守及び改造
(3) 軽微な修理及び大修理　　　　　　　(4) 大修理及び改造

問22　「軽微な修理」の定義として正しいものを選べ．
(1) 緊度又は間隙の調整及び複雑な結合作業を伴わない規格装備品の交換又は修理
(2) 緊度又は間隙の調整及び複雑な結合作業を伴わない規格装備品又は部品の交換
(3) 耐空性に及ぼす影響が軽微な範囲にとどまり，かつ複雑でない整備作業であつて，当該作業の確認において動力装置の作動点検その他複雑な点検を必要としないもの

(4) 耐空性に及ぼす影響が軽微な範囲にとどまり，かつ複雑でない整備作業であつて，当該作業の確認において専用の試験装置を用いた作動点検その他複雑な点検を必要としないもの
(☆☆☆☆☆)

問23 大修理の定義として次のうち誤っているものはどれか.
(1) 小修理以外の修理作業
(2) 主要構造部材の強度に相当の影響を及ぼすおそれのある作業
(3) 複雑又は特殊な技量又は装置を必要とする作業
(4) 国土交通大臣の承認を受けていない装備品又は部品を用いる修理作業

問24 「軽微な修理」についての記述で次のうち正しいものはどれか.
(1) 耐空性に及ぼす影響が軽微で，確認に動力装置の作動や複雑な点検を必要としないもの
(2) 軽微な予防作業であって，複雑な結合を伴わない規格部品の交換
(3) 燃料やオイルの補給などのサービシングに関する作業
(4) 予備品証明対象部品以外の規格部品の交換で動力装置の作動を必要としないもの
(☆☆☆)

問25 「軽微な修理」について述べた次の文章の( )内に適合する語句として正しいものを選べ.
「耐空性に及ぼす影響が軽微な範囲にとどまり，かつ複雑でない修理作業であって，当該作業の確認において( )その他複雑な点検を必要としないもの」
(1) 専用試験装置による機能点検　　(2) 動力装置の作動点検
(3) 複雑な結合作業　　(4) 緊度又は間隙の調整

問26 「小修理」の定義として正しいものはどれか.
(1) 緊度又は間隙の調整及び複雑な結合作業を伴わない規格装備品の交換又は修理
(2) 耐空性に重大な影響を及ぼさない作業であって，その仕様について国土交通大臣の承認を受けた装備品又は部品を用いるもの
(3) 耐空性に及ぼす影響が軽微な範囲にとどまり，かつ複雑でない整備作業
(4) 軽微な修理及び大修理以外の修理作業

問27 施行規則第5条の6に関して作業の内容の一部を述べた次の文章に該当する「作業の区分」として正しいものはどれか.

【修理作業において主要構造部材の強度に相当の影響を及ぼすおそれのある伸ばし，継ぎ，溶接又はこれに類似した作業】
(1) 小修理　(2) 大修理　(3) 小改造　(4) 大改造　　　　　　　　　　（☆☆）

問 28 「大修理」区分に該当する作業内容として次のうち正しいものはどれか．
(1) 当該作業の確認において動力装置の作動点検を必要とする修理作業
(2) その仕様について国土交通大臣の承認を受けた装備品又は部品を用いる修理作業
(3) 動力装置の機能，飛行性その他耐空性に重大な影響を及ぼさない改造作業
(4) 複雑な又は特殊な技量又は装置を必要とする作業

問 29 「大修理」の定義として正しいものはどれか．
(1) 耐空性に大きな影響を及ぼす複雑な修理作業
(2) 緊度又は間隙の調整及び複雑な結合作業を伴わない規格装備品の交換又は修理
(3) 耐空性に重大な影響を及ぼさない作業であって，その仕様について国土交通大臣の承認を受けた装備品又は部品を用いるもの
(4) 耐空性に及ぼす影響が軽微な範囲にとどまり，かつ複雑でない整備作業

問 30 「小修理」の定義として次のうち正しいものはどれか．
(1) 一般的保守及び軽微な修理以外の修理作業
(2) 保守及び改造以外の修理作業
(3) 軽微な修理及び大修理以外の修理作業
(4) 大修理及び改造以外の修理作業

第 3 章 登　　録

　本章では航空法の「第 2 章 登録」の中の登録とは何かと 4 種類ある登録について説明します．

3.1　航空機の登録

　本節では航空機の登録とはなにか，登録するとどのようなメリットが有るかについて説明します．登録とは一般に「(役所の)正式の帳簿に載せること」を言います．航空機の登録は**法第 3 条**に定められています．

（登録）
・法　第 3 条　　国土交通大臣　は，この章^(＊)で定めるところにより，航空機登録原簿　に航空機の登録を行う．

（＊）航空法　第 2 章　登録

　また航空機は登録をうけると日本の国籍を得られると**法第 3 条の 2** で定められています．

（国籍の取得）
・法　第 3 条の 2　航空機は，登録を受けたときは，日本の国籍を取得する．

　航空機の内飛行機と回転翼航空機に限って登録しないと法律上，所有権の得喪（得ることと失うこと）**及び変更を第三者に対して主張**（対抗することが）**できません**．すなわち，A さんが B さんから飛行機を購入しても移転登録をして航空機登録原簿の所有者を A さんに変更しないと B さんが C さんに再度その飛行機を売って，

Cさんが移転登録をして所有者になると，Aさんは法律上この飛行機は自分のものと主張はできないということです．

(対抗力)
・法　第3条の3　登録を受けた 飛行機 及び 回転翼航空機 の所有権の得喪及び変更は，登録を受けなければ，第三者に対抗することができない．

登録を受けることのできる要件は**法第4条**で定められています．

(登録の要件)
・法　第4条　下記の各号の一に該当する者が 所有する 航空機は，これを登録することができない．
　一　日本の国籍を有しない人
　二　外国又は外国の公共団体若しくはこれに準ずるもの
　三　外国の法令に基いて設立された法人その他の団体
　四　法人であつて，前三号に掲げる者がその代表者であるもの又はこれらの者がその役員の3分の1以上若しくは議決権の3分の1以上を占めるもの
　2　外国の国籍を有する航空機は，これを登録することができない．

Key-7　登録
(1) 国土交通大臣が航空機登録 原簿 に航空機の登録を行う．その後申請者に航空機登録 証明書 を交付(第3.2.1項参照)
(2) 登録を受けたとき 日本の国籍を取得 する．
(3) 下記の航空機の所有者は登録することはできない．
　a. 日本の国籍を有しない人
　b. 外国又は外国の公共団体若しくはこれに準ずるもの
　c. 外国の法令に基づいて設立された法人その他の団体

> d. 上記a，b，cの者が代表者か役員または議決権の1/3以上を占める法人
>
> (4) 外国籍の航空機は登録できない．
> (5) 登録を受けた飛行機及び回転翼航空機（航空機ではない）は所有権について 第三者への対抗力 をもつ．

3.2 航空機の登録の種類

本節では4種類の登録について説明します．

3.2.1 新規登録

本項では航空機を初めて登録するときに行う新規登録について説明します．

> （新規登録）
> ・法 第5条　登録を受けていない航空機の登録（以下「**新規登録**」という．）は， 所有者の申請 により 航空機登録原簿 に下記に掲げる事項を記載し，且つ， 登録記号 を定め，これを 航空機登録原簿 に記載することによって行う．
>   一　航空機の型式
>   二　航空機の製造者
>   三　航空機の番号
>   四　航空機の定置場
>   五　所有者の氏名又は名称及び住所
>   六　登録の年月日

> （登録証明書の交付）
> ・法 第6条　国土交通大臣は，新規登録をしたときは，申請者に対し， 航空機登録証明書 を交付しなければならない．

（航空機登録証明書）

・規 第7条　法第6条の航空機登録証明書の様式は，第3号様式の通りとする．

・第3号様式（第7条関係）（日本工業規格A5）

				登録番号 Registration no.
		国 土 交 通 省 Ministry of Land, Infrastructure and Transport		
		航 空 機 登 録 証 明 書 Certificate of Registration		
1	国籍記号及び登録記号 Nationality mark and registration mark 　JA	2　航空機型式及び製造者 Manufacturer and manufacturer's designation of aircraft		3　航空機製造番号 Aircraft serial no.
4	所有者氏名又は名称 Name of owner			
5	所有者住所又は主たる事務所の所在地 Address of owner			
6	上記の航空機は，1944年12月7日付け国際民間航空条約及び航空法（昭和27年法律第231号）に従い航空機登録原簿に正式に記入されたことをここに証明する． It is hereby certified that the above described aircraft has been duly entered on the Japan Civil Aircraft Register in accordance with the Convention on International Civil Aviation dated 7 December 1944 and with the Civil Aeronautics Law of Japan. 　　　　　　　　　　　　　　　　　　　　　　　　　国土交通大臣　　　　　　　　　　　　印 　　　　　　　　　　　　　　　　　　　　　　Minister of Land, Infrastructure and Transport			
	発行年月日　　　　年　　月　　日 Date of issue			

図3.1　第3号様式　航空機登録証明書

Key-8　航空機登録原簿への記載事項

(1) 航空機の型式（型式証明番号ではない）
(2) 航空機の製造者
(3) 航空機の番号（または登録記号）
(4) 航空機の定置場
(5) 所有者の氏名又は名称及び住所（使用者のではない）
(6) 登録の年月日

3.2.2　変更登録

本項では新規登録の際の航空機登録原簿に記載した「航空機の定置場」および「所有者の氏名又は名称及び住所」が変更されたときに行う変更登録について説明します．

3.2 航空機の登録の種類

(変更登録)
- **法 第7条** 新規登録を受けた航空機(以下「登録航空機」という.)について第5条〔新規登録〕第四号又は第五号に掲げる事項に変更があつたときは,その**所有者は**,その事由があつた日から **15 日以内**に,変更登録の申請をしなければならない.但し,次条(法第7条の2)の規定による**移転登録**又は第8条の規定による**まつ消登録**の申請をすべき場合は,この限りでない.

3.2.3 移 転 登 録

本項では登録した航空機の所有者が変更されたとき行う移転登録について説明します.

(移転登録)
- **法 第7条の2** 登録航空機について**所有者の変更**があつたときは,**新所有者は**,その事由があつた日から **15 日以内**に,移転登録の申請をしなければならない.

- ・規 第8条 航空機の移転登録又は変更登録を受けたものは,**航空機登録証明書**の書替を受けなければならない.

3.2.4 まつ消登録

本項では航空機が使用できなくなつたり,存在が不明になつたり,登録の要件を失つたりしたときに行う,まつ消登録について説明します.

(まつ消登録)
- 法 第8条　登録航空機の**所有者**は，下記に掲げる場合には，その事由があつた日から**15日以内**に，まつ消登録の申請をしなければならない．
  - 一　登録航空機が滅失し，又は登録航空機の解体（整備，改造，輸送又は保管のためにする解体を除く．）をしたとき．
  - 二　登録航空機の存否が二箇月以上不明になつたとき．
  - 三　登録航空機が第4条〔登録の要件〕の規定により登録することができないものとなつたとき．
  - 2　前項の場合において，登録航空機の**所有者**がまつ消登録の申請をしないときは，国土交通大臣は，その定める**7日以上**の期間内において，これをなすべきことを催告しなければならない．
  - 3　国土交通大臣は，前項の催告をした場合において，登録航空機の**所有者**がまつ消登録の申請をしないときは，まつ消登録をし，その旨を**所有者**に通知しなければならない．

Key-9　登録の4つの違いを記憶してください．

新規	まだ航空機登録原簿に記載されていない航空機の登録（航空機は登録を受けたとき日本の国籍を取得すると定められている．）
変更(*)	航空機の**定置場**（注），所有者の氏名又は名称及び住所に変更があつたとき
移転(*)	**所有者の変更**があつたとき（新所有者が行う．）
まつ消(*)	登録航空機が (1) **滅失**し，または**解体**（整備，改造，輸送または保管のための解体を除く）したとき (2) **存否が二箇月以上不明**になったとき (3) 航空法第4条の規定により**登録することができないもの**となったとき

(*) その事由のあつた日から **15日以内** に申請しなければならない．
(注) 航空機を使用しないときに置いておく空港

3.3 登録記号の打刻

本節では**法第 8 条の 3** で定められている新規登録したときの登録記号の打刻について説明します．

> （登録記号の打刻）
> ・法　第 8 条の 3　国土交通大臣は，**飛行機**又は**回転翼航空機**について新規登録をしたときは，遅滞なく，当該航空機に**登録記号**を表示する打刻をしなければならない．
> 　　 2　前項の航空機の所有者は，同項の打刻を受けるために，**国土交通大臣の指定する期日に当該航空機を国土交通大臣に呈示しなければならない．**
> 　　 3　何人も，第 1 項の規定により打刻した登録記号の表示をき損してはならない．

（登録記号の打刻位置）
・規　第 11 条　法第 8 条の 3 [登録記号の打刻] 第 1 項の規定による打刻は，当該 航空機のかまち (*) にこれを行わなければならない．

(*) 漢字は框で，**図 3.2** に示すフレームのことです．すなわち，航空機の構造部分のうち強度的に丈夫な場所で，万一航空機が墜落した場合でも，比較的残存しやすいところに打刻するように定められています．

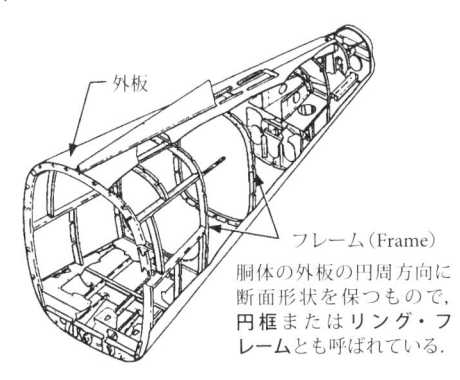

　　　　　　　　　外板

　　　　　　　　　フレーム (Frame)
　　　　　　　　　胴体の外板の円周方向に
　　　　　　　　　断面形状を保つもので，
　　　　　　　　　円框または**リング・フ
　　　　　　　　　レーム**とも呼ばれている．

図 3.2　かまち＝フレーム

（航空用語研究会編：絵でみる航空用語集 p.30，産業図書，1992）

3.4 識別板

本節では規第141条に定められている識別板の取り付けについて説明します.

(識別板)
- 規　第141条　航空機の所有者[*]の氏名又は名称及び住所並びにその航空機の国籍記号及び登録記号を打刻した長さ7センチメートル,幅5センチメートルの耐火性材料[**]で作った識別板を当該航空機の出入口の見やすい場所に取り付けなければならない.

　　　　　　　　　　　　　　　　　(＊)　使用者でないことに注意
　　　　　　　　　　　　　　　　　(＊＊)ステンレス・スチール製のこと

Key-10	打刻および識別板の取り付け			
事項	対象	実施者	表示内容	表示場所
・登録記号の打刻	飛行機 回転翼航空機のみ	国土交通大臣[*] (実際に作業するのは国土交通省の検査員)	・登録記号	打刻位置はかまち
・識別板の取り付け(大きさ7cm×5cm, ステンレススチール製)	航空機	所有者	・国籍記号 ・登録記号 ・所有者の氏名又は名称及び住所	航空機の出入口の見やすい場所

(＊)法第8条の3により国土交通大臣の指定した期日に当該航空機を呈示する必要がある.

演習問題

問1 航空機の登録について誤っているものは次のうちどれか．
(1) 国土交通大臣は申請者に航空機登録証明書を交付して新規登録を行う．
(2) 航空機は登録を受けた時に日本の国籍を取得する．
(3) 外国の国籍を有する航空機は登録することができない．
(4) 日本の国籍を有しない人が所有する航空機は登録することができない．

問2 航空機の登録について次のうち誤っているものはどれか．
(1) 航空機は登録を受けたとき日本の国籍を取得する．
(2) 国土交通大臣は航空機登録原簿に航空機の登録を行う．
(3) ICAO加盟国の法令に基づいて設立された法人が所有する航空機であれば登録できる．
(4) 登録を受けた飛行機及び回転翼航空機の所有権の得喪及び変更は登録を受けなければ第3者に対抗することができない． (☆☆☆)

問3 航空機の登録について次のうち誤っているものはどれか．
(1) 外国の国籍を有する航空機は登録することができない．
(2) 航空機は登録を受けた時に日本の国籍を取得する．
(3) 国土交通大臣は申請者に航空機登録原簿を交付して新規登録を行う．
(4) 日本の国籍を有しない者が所有する航空機は登録することができない．

問4 次のうち航空機の登録ができるものはどれか．
(1) 外国の国籍を有する航空機
(2) 所有者が外国又は外国の公共団体
(3) 日本人の役員が3分の2以上を占める法人
(4) 所有者が日本の国籍を有しない人

問5 登録ができる航空機として次のうち正しいものはどれか．
(1) 日本の国籍を有しない人が所有する航空機
(2) 外国又は外国の公共団体が所有する航空機
(3) 日本人の役員が3分の2以上を占める法人が所有する航空機
(4) 外国の国籍を有する航空機

問6　航空機の登録について次のうち誤っているものはどれか．
(1) 登録を受けた航空機は所有権について第三者への対抗力を持つ．
(2) 航空機は登録を受けた時に日本の国籍を取得する．
(3) 外国の国籍を有する航空機は登録することができない．
(4) 日本の国籍を有しない者が所有する航空機は登録することができない．

問7　航空機の登録について誤っているものは次のうちどれか．
(1) 国土交通大臣は申請者に航空機登録証明書を交付して新規登録を行う．
(2) 航空機は登録を受けた時に日本の国籍を取得する．
(3) 外国の国籍を有する航空機は登録することができない．　　　　　(☆☆☆)
(4) 日本の国籍を有しない人が所有する航空機は登録することができない．

問8　航空機の登録について誤っているものは次のうちどれか．
(1) 国土交通大臣は航空機登録原簿に航空機の登録を行う．
(2) 航空機の登録は当該航空機について日本の国籍を取得した後登録を行う．
(3) 外国の国籍を有する航空機は登録することができない．　　　　　(☆☆☆)
(4) 日本の国籍を有しない人が所有する航空機は登録することができない．

問9　全ての航空機について，「登録」を受けることによって得られるものは次のうちどれか．
(1) 第三者への対抗力　　(2) 日本の国籍
(3) 航空機の番号　　　　(4) 耐空証明　　　　　　　　　　　　　　(☆☆)

問10　航空機が日本の国籍を取得する時期として次のうち正しいものはどれか．
(1) 登録を受けたとき
(2) 登録及び耐空証明を受けたとき
(3) 登録，型式証明及び耐空証明を受けたとき
(4) 日本国籍を有する個人又は法人に所有権が移転したとき　　　　(☆☆☆☆☆)

問11　登録した航空機に生じた事象について次のうち正しいものはどれか．
(1) 所有者の変更があつた場合は変更登録をしなければならない．
(2) 航空機の定置場を変更する場合は移転登録をしなければならない．
(3) 所有者の名称および住所が変わった場合は変更登録をしなければならない．
(4) 航空機の存否が1ヶ月以上不明になったときはまつ消登録をしなければならない．

演 習 問 題

問 12 新規登録における航空機登録原簿への記載事項として次のうち誤っているのはどれか．
(1) 航空機の型式　　(2) 航空機の製造者　　(3) 航空機の番号
(4) 航空機の定置場所　(5) 登録の年月日
(6) 使用者の氏名又は名称及び住所　　　　　　　　　　　　　　　（☆☆☆☆）

問 13 新規登録における航空機登録原簿への記載事項として次のうち正しいものはどれか．
(1) 航空機の重量　　(2) 航空機の寸法　　(3) 航空機の製造年月日
(4) 航空機の製造国　(5) 登録記号　　　　(6) 型式証明番号

問 14 新規登録における航空機登録原簿への記載事項として次のうち誤っているものはどれか．
(1) 航空機の型式　　(2) 航空機の製造者　　(3) 航空機の番号
(4) 航空機の定置場　(5) 使用者の氏名又は名称及び住所
(6) 登録の年月日　　　　　　　　　　　　　　　　　　　　　　　（☆☆）

問 15 新規登録における航空機登録原簿への記載事項として次のうち誤っているものはどれか．
(1) 航空機の型式証明番号　　(2) 航空機の製造者
(3) 航空機の番号　　　　　　(4) 航空機の定置湯
(5) 登録の年月日

問 16 新規登録における航空機登録原簿への記載事項として次のうち誤っているものはどれか．
(1) 航空機の型式　　(2) 型式証明番号　　(3) 航空機の製造者
(4) 航空機の番号　　(5) 航空機の定置場
(6) 所有者の氏名又は名称及び住所

問 17 新規登録をしたとき申請者に対して交付されるものとして次のうち正しいものはどれか．
(1) 航空機所有権証明書　　(2) 航空機登録証明書
(3) 航空機登録原簿の写し　(4) 航空機国籍証明書
(5) 航空機登録謄本

問18 登録航空機にについて変更があつた場合，変更登録の申請をしなければならない事項は次のうちどれか．
(1) 航空機の登録記号　　　　(2) 航空機の製造者
(3) 航空機の定置場　　　　　(4) 航空機の使用者　　　　　　　（☆☆☆☆）

問19 航空機の定置場を移動した場合のとるべき手続きについて次のうち正しいものはどれか．
(1) 移転登録の申請　　　　　(2) 移動登録の届出
(3) 変更登録の申請　　　　　(4) 登録原簿の変更申請　　　　　　（☆☆）

問20 航空機の所有者の氏名又は名称及び住所に変更があつた場合の手続きは次のうちどれか．
(1) 移転登録の申請　　　　　(2) 変更登録の申請
(3) 移動登録の届出　　　　　(4) 登録原簿の変更申請　　　　　　（☆☆☆）

問21 登録した航空機で所有者の変更があつたときの手続きは次のうちどれか．
(1) 移転登録の申請　　　　　(2) 移動登録の届出
(3) 変更登録の申請　　　　　(4) 登録原簿の変更申請　　　　　　（☆☆☆）

問22 航空機の移転登録の申請をしなければならない場合は次のどれか．
(1) 登録航空機の番号の変更　(2) 登録航空機の定置揚の変更
(3) 登録航空機使用者の変更　(4) 登録航空機の所有者の変更　　　（☆☆☆）

問23 航空機の登録事項について変更があつた場合，移転登録の申請をしなければならないのは次のうちどれか．
(1) 航空機の番号　　　　　　(2) 航空機の定置場
(3) 航空機の製造者　　　　　(4) 航空機の所有者　　　　　　　　（☆☆☆☆）

問24 登録航空機がまつ消登録の申請をしなければならないのは次のうちどれか．
(1) 保管のために解体したとき　(2) 改造のため解体したとき
(3) 所有者が日本の国籍を有しない人になったとき
(4) 航空機の存否が一箇月以上不明になったとき　　　　　　　　（☆☆☆）

問25 まつ消登録の申請について正しいものは次のうちどれか．
(1) 航空機の所有者はその事由があつた日から30日以内にまつ消登録をしなけれ

ばならない．
(2) 登録航空機を保管のために解体したときは，まつ消登録をしなければならない．
(3) 登録航空機の存否が一箇月以上不明になったときは，まつ消登録をしなければならない．
(4) 登録航空機の所有者が外国籍になったときは，まつ消登録をしなければならない．

問26 まつ消登録の申請について次のうち誤っているものはどれか．
(1) 登録航空機が滅失したとき
(2) 登録航空機を改造のために解体したとき
(3) 登録航空機の存否が二箇月以上不明になったとき
(4) 登録航空機の所有者が外国籍になったとき

問27 まつ消登録の申請について正しいものは次のうちどれか．
(1) 航空機の所有者はその事由があった日から30日以内にまつ消登録をしなければならない．
(2) 登録航空機を保管のために解体したときは，まつ消登録をしなければならない．
(3) 登録航空機の存否が一箇月以上不明になったときは，まつ消登録をしなければならない．
(4) 登録航空機の所有者が外国籍になったときは，まつ消登録をしなければならない． (☆☆)

問28 登録記号の打刻及び識別板について正しいものは次のうちどれか．
(1) 打刻は操縦室入口のフレームに打つ．
(2) 打刻は構造部材に打つと亀裂の原因になるので取り外し可能な場所にする．
(3) 識別板は大きさ 5cm×10cm 以上のアルミ又はステンレス材を使用する．
(4) 識別板は航空機の出入口の見やすい場所にとりつける． (☆☆)

問29 次の記述で正しいものはどれか．
(1) 打刻は，操縦室内の容易に視認できる平面部に行わなければならない．
(2) 打刻は亀裂の原因になるので，構造部材を避け容易に交換可能な部材に行うこと．
(3) 識別板は，長さ10cm，幅20cmのアルミニウム合金材を用いなければなら

ない．

(4) 識別板は，必ず，航空機の出入口の見やすい場所に取り付けなければならない．

問 30　次の記述で正しいものはどれか．
(1) 打刻は操縦室入口の扉［フレーム］に打つ．
(2) 打刻は構造部材に打つと亀裂の原因になるので取り外し可能な場所に打つ．
(3) 識別板は大きさ 5cm×10cm 以上のアルミ又はステンレス材を使用する．
(4) 識別板は航空機の出入口の見やすい場所に取り付ける．　　　　　　（☆☆）

問 31　登録記号の打刻位置について次のうち正しいものはどれか．
(1) 主搭乗口のドアのフレーム［出入り口の見やすい場所］
(2) 操縦室内の見やすい強固な壁面
(3) 航空機のかまち　　(4) エンジン・マウント　　(5) 主翼の主桁　　（☆☆☆）

問 32　登録記号の打刻位置について正しいものは次のうちどれか．
(1) 主乗降口のフレームの視認し易い位置
(2) 操縦室内の強固な壁面の視認し易い位置
(3) 航空機のかまち　　　　　(4) エンジン・マウント

問 33　登録記号の打刻位置について正しいものは次のうちどれか．
(1) 出入口の見やすい位置　　(2) 操縦室入口のフレーム
(2) かまち　　　　　　　　　(4) 脚の取付けフレーム

問 34　登録記号の打刻位置について正しいものはどれか．
(1) 航空機のかまち　　　　　(2) 操縦室内の隔壁
(3) 乗降口付近の隔壁　　　　(4) 発動機の防火壁　　　　　　　　　（☆☆）

問 35　登録記号の打刻について正しいものは次のうちどれか．
(1) 飛行機及び回転翼航空機には打刻しなければならない．
(2) 打刻しなくてよいのは滑空機のみである．
(3) 打刻しなくてよいのは回転翼航空機と滑空機である．
(4) 全ての航空機に打刻しなければならない．　　　　　　　　　　（☆☆☆）

問36　航空法では，登録記号の打刻は誰が行うものと定めているか．
(1) 航空機の所有者　　　　(2) 航空機の使用者
(3) 航空機検査官　　　　　(4) 国土交通大臣　　　　　　　　(☆☆☆☆)

問37　次のうち登録記号の打刻を必要としないものはどれか．
(1) 回転翼航空機，滑空機　(2) 滑空機，飛行船
(3) 飛行船のみ　　　　　　(4) 回転翼航空機，滑空機，飛行船　(☆☆☆)

問38　登録記号を「打刻」するための行為として次のうち正しいものはどれか．
(1) 打刻作業が可能な日時と場所を国土交通大臣に届け出る．
(2) 所有者は新規登録後遅滞なく打刻を完了し国土交通大臣に報告する．
(3) 打刻後の現状について写真により明示して国土交通大臣に報告する．
(4) 打刻を受けるため指定された期日に当該航空機を国土交通大臣に呈示する．
　　　　　　　　　　　　　　　　　　　　　　　　　　　　　　(☆☆☆)

問39　次のうち登録記号の打刻を必要とするものはどれか．
(1) 回転翼航空機　　　　　(2) 滑空機
(3) 飛行船　　　　　　　　(4) 超軽量動力機

問40　航空機を航空の用に供する場合，出入口に表示しなければならない事項で正しいものは次のうちどれか．
(1) 国籍記号，登録記号，航空機の使用者の氏名又は名称
(2) 国籍記号，登録記号，航空機の形式，所有者の氏名又は名称
(3) 国籍記号，登録記号，航空機の所有者の氏名又は名称及び住所
(4) 国籍記号，登録記号，航空機の使用者の氏名又は名称及び住所

問41　識別板に打刻しなければならない事項で正しいものは次のうちどれか．
(1) 国籍記号，登録記号，航空機の使用者の氏名又は名称
(2) 国籍記号，登録記号，航空機の所有者の氏名又は名称
(3) 国籍記号，登録記号，航空機の所有者の氏名又は名称及び住所
(4) 国籍記号，登録記号，航空機の使用者の氏名又は名称及び住所　(☆☆☆)

問42　識別板に関する記述で次のうち正しいものはどれか．
(1) 識別板には変更の可能性があるため航空機の所有者名は打刻しない．
(2) 識別板には耐火性材料の要件は求められていない．

(3) 識別板は長さ 10cm，幅 20cm のアルミニウム合金材を用いなければならない．
(4) 識別板は航空機の出入口の見やすい場所に取り付けなければならない．

第4章　航空機の安全性（1）

　本章では航空法の「第3章 航空機の安全性」の中の耐空証明と型式証明について説明します．

4.1　耐空証明

　本節では耐空証明の必要性およびそれを受けれる航空機，検査内容と基準，検査の省略，申請手続き，有効期間，効力の停止等について説明します．
　航空機は自動車と違って，例えばエンジンが停止した場合，空を飛んでいるために，道路の脇に止まれば良いという訳にいきません．航空機が墜落すると乗員及び乗客の生命だけではなく，墜落した場所によっては関係の無い人の生命に危害を及ぼす場合があります．また，航空機の騒音は自動車のそれに比べて被害を受ける範囲が広くまた被害の程度も大きい．したがって，国として，これらの安全性及び耐環境性について法により基準を設け，その基準を満たす航空機のみ航空の用に供することができるようにするため耐空証明という制度を設けました．

4.1.1　耐空証明の必要性

> （耐空証明）
> ・**法　第10条**　国土交通大臣は，申請により，航空機（国土交通省令で定める滑空機を除く．以下この章において同じ．）について耐空証明を行う．

・**規　第12条**　法第10条第1項の滑空機は**初級滑空機**とする．

> ・法　第 11 条　航空機は，有効な耐空証明を受けているものでなければ，航空の用に供してはならない．但し，試験飛行等を行うため国土交通大臣の認可を受けた場合は，この限りでない．
> 　2　航空機は，その受けている耐空証明において指定された**航空機の用途又は運用限界の範囲内**でなければ，航空の用に供してはならない．
> 　3　第 1 項ただし書の規定は，前項の場合に準用する．

耐空証明は，**法第 10 条の第 1 項**に定められているように，航空機の所有者の申請に基づき行われるものです．したがって，**登録された航空機であっても耐空証明を受けていない場合もあります**．ただし，**法第 11 条**において，「航空機は，有効な耐空証明を受けているものでなければ，航空の用に供してはならない．」とあり，実際に航空機を飛ばすためには耐空証明を受けなければなりません．

> **準Key-1**　耐空証明が無くて航空の用に供するには
> 　法第 11 条第 1 項のただし書き（試験飛行等を行うための国土交通大臣）の許可を受ける要あり

なお**法第 10 条の第 1 項**および**規第 12 条**の規定により航空法第 3 章（法第 10 条～第 21 条──すなわち本書の第 4 章～第 6 章）の航空機から初級滑空機が除かれています．したがって，**初級滑空機は**耐空証明を受けることはできないが，耐空証明を持たずに航空の用に供することができます．

4.1.2　耐空証明が受けられる航空機

> ・法　第 10 条
> 　2　前項の耐空証明は，**日本の国籍を有する航空機**でなければ，受けることができない．但し，政令で定める航空機については，この限りでない．

法10条第2項に定められているように，耐空証明が受けられる航空機は原則として，日本の国籍を有している航空機に限られます．ただし書きで，政令で定められる航空機については，この限りではありません．航空法施行令の第1条では下記を例外として，耐空証明を受けれるとしています．

(1) **外国の航空機で国内使用の許可**（法第127条（外国航空機の国内使用禁止）のただし書）を 取得したもの 　例としては，我が国の航空運送事業が外国籍機をリースして運航する場合

　　　日本国籍機以外で耐空証明」で 出題

(2) **日本の国籍を持たない航空機**（すなわち外国籍機または無国籍機）で本邦内で**修理され，改造され，または製造されたもの**　例としては，我が国の航空機製造者が新造機を輸出する場合に，輸入国側が我が国の耐空証明の取得を求める場合

4.1.3　航空機の用途と運用限界

法第11条第2項でその受けている耐空証明において指定された**航空機の用途又は運用限界の範囲内**でなければ，航空の用に供してはならないと定められております．そこで航空機の用途と運用限界について説明します．

・法　第10条
　　3　　耐空証明は， 航空機の用途 及び国土交通省令で定める 航空機の運用限界 を 指定 して行う．

・規　第12条の3　法第10条第3項（法第10条の2　第2項において準用する場合を含む．以下この条において同じ．）の 航空機の用途を指定する場合は ，附属書第1に規定する**耐空類別**を明らかにするものとする
　　2　法第10条第3項の国土交通省令で定める航空機の 運用限界は ，第5条の4　第二号の 航空機の限界事項 とする．
・規　第13条　法第10条第3項（法第10条の2　第2項において準用する場合を含む．）の指定は，前条に規定する事項を記載した書類（以下「**運用限界指定書**」という．）を申請者に交付することによつて行う．

以上の3つの条文から次のことがわかります．

(1) **航空機の用途**とは航空法施行規則の付属書第1に規定する**耐空類別**です．
(2) **航空機の運用限界**は飛行規程の航空機の限界事項です．

次に耐空類別と航空機の限界事項について説明します．

|A|　**耐空類別**　これは航空法施行規則の付属書第1の第1章に下記のように規定されています．

耐空類別	摘要
飛行機　曲技A	最大離陸重量 5,700kg 以下 の飛行機であつて，飛行機普通Nが適する飛行及び曲技飛行に適するもの
飛行機　実用U	最大離陸重量 5,700kg 以下 の飛行機であつて，飛行機普通Nが適する飛行及び 60°バンクを超える旋回，錐揉，レージーエイト，シャンデル等の曲技飛行(急激な運動及び背面飛行を除く)に適するもの
飛行機　普通N	最大離陸重量 5,700kg 以下 の飛行機であつて，普通の飛行[60°バンクを超えない旋回及び失速(ヒップストールを除く)を含む]に適するもの
飛行機　輸送C	最大離陸重量 8,618kg 以下 の多発のプロペラ飛行機であつて，航空運送事業の用に適する もの(客席数が 19 以下であるものに限る)
飛行機　輸送T	航空運送事業の用に適する飛行機
回転翼航空機普通N	最大離陸重量 3,175kg 以下 の回転翼航空機
回転翼航空機　輸送TA級	航空運送事業の用に適する 多発の回転翼航空機であつて，臨界発動機(*)が停止しても安全に航行できるもの
回転翼航空機　輸送TB級	最大離陸重量 9,080kg 以下 の回転翼航空機であつて，航空運送事業の用に適する もの
滑空機　曲技A	最大離陸重量 750kg 以下 の滑空機であつて，普通の飛行及び曲技飛行に適するもの
滑空機　実用U	最大離陸重量 750kg 以下 の滑空機であつて，普通の飛行又は普通の飛行に加え失速旋回，急旋回，錐揉，レージーエイト，シャンデル，宙返りの曲技飛行に適するもの
動力滑空機　曲技A	最大離陸重量 850kg 以下 の滑空機であつて，動力装置を有し，かつ，普通の飛行及び曲技飛行に適するもの
動力滑空機　実用U	最大離陸重量 850kg 以下 の滑空機であつて，動力装置を有し，かつ，普通の飛行又は普通の飛行に加え失速旋回，急旋回，錐揉，レージーエイト，シャンデル，宙返りの曲技飛行に適するもの
特殊航空機×	上記の類別に属さないもの

(*) ある任意の飛行形態に関して，故障した場合に最も有害な影響を与える1個以上の発動機

4.1 耐空証明

　これは，航空機の耐空性を保証する（耐空証明）ための飛行性，構造，強度，装備，運用限界等の技術的要求事項が，その航空機の運用形態に応じて異なるので，これらを耐空類別の区分ごとに定めて，航空機の適正な運用をはかるものです．

Key-11　耐空類別の憶え方

・ 航空機の種類 , 最大離陸重量の値 及び 航空運送事業の用に適するものか否か で分類して憶えよ．あとは， 曲技飛行の程度 で分類できる．
・ 航空機の用途 ＝ 耐空類別

B　航空機の限界事項　飛行規程の航空機の限界事項とは下記です．

1　**最大重量**（航空機の 最大離陸重量 ，最大着陸重量，零燃料重量等）
2　許容重心位置範囲　　　　　〇〇〇 が 出題
3　離着陸性能に関する限界
　　a　距離限界　　　　　　　b　高度限界
　　c　大気温度限界　　　　　d　風向風速限界
　　e　滑走路の傾斜　　　　　f　その他の離着陸性能上の限界
4　対気速度限界
5　動力装置運転限界
6　その他の限界事項
　　a　運用様式限界　　　　　b　制限荷重倍数限界
　　c　搭乗者限界　　　　　　d　運用高度限界
　　e　電気系統限界　　　　　f　自動操縦限界
　　g　計器操縦装置その他の装置の使用に関する限界
　　h　禁煙場所，危険物の積載場所等の制限事項

4.1.4 耐空証明の検査内容と基準

・法　第 10 条
　4　国土交通大臣は，第 1 項の申請があつたときは，当該航空機が次に掲げる基準に適合するかどうかを 設計，製造過程及び現状 について検査 し，これらの基準に適合すると認めるときは，耐空証明をしなければならない．
　　一　国土交通省令で定める**安全性を確保するための強度，構造及び性能についての基準**
　　二　航空機の種類，装備する発動機の種類，最大離陸重量の範囲その他の事項が国土交通省令で定めるものである航空機にあつては，国土交通省令で定める**騒音の基準**
　　三　装備する発動機の種類及び出力の範囲その他の事項が国土交通省令で定めるものである航空機にあつては，国土交通省令で定める**発動機の排出物の基準**

・規　第 14 条　法第 10 条第 4 項第一号（法第 10 条の 2　第 2 項において準用する場合を含む）の基準は，附属書第 1 に定める基準（装備品及び部品については附属書第 1 に定める基準又は国土交通大臣が承認した型式若しくは仕様（電波法（昭和 25 年法律第 131 号）の適用を受ける無線局の無線設備にあつては，同法に定める技術基準）**とする．**
　2　**法第 10 条第 4 項第二号**（法第 10 条の 2　第 2 項において準用する場合を含む．以下この項において同じ．）**の事項が国土交通省令で定めるものである航空機は，附属書第 2 の適用を受ける航空機とし，同号の基準は，附属書第 2 に定める基準**とする．
　3　**法第 10 条第 4 項第三号**（法第 10 条の 2　第 2 項において準用する場合を含む．以下この項において同じ．）**の事項が国土交通省令で定めるものである航空機は，附属書第 3 の適用を受ける航空機とし，同号の基準は，附属書第 3 に定める基準**とする．

法第 10 条の第 4 項から耐空検査証明の検査の内容は当該航空機が基準に適合す

4.1　耐空証明　　　　　　　　　　49

るかどうかを**設計，製造過程及び現状について検査**します．すなわち，耐空証明に於いては，航空機を製造する前の設計の段階から，製造段階，および完成後の地上試験および飛行試験を含む全ての段階を検査します．

　法第 10 条の 4 項と規第 14 条から検査の基準は下記の 3 つです．

(1) 航空法施行規則の附属書第 1「航空機及び装備品の安全性を確保するための強度，構造及び性能についての基準」
(2) 航空法施行規則の附属書第 2「航空機の騒音の基準」
(3) 航空法施行規則の附属書第 3「航空機の発動機の排出物の基準」

A　「航空機及び装備品の安全性を確保するための強度，構造及び性能についての基準」**本基準**は，航空法施行規則の付属書第 1 で規定されております．内容は第 1 章で**耐空類別**を規定し，第 2 章以下で航空機の性能，飛行性，強度および構造，動力装備，装備，発動機，プロペラに要求される安全性等について定性的に規定しています．

B　「航空機の騒音の基準」**本基準**は航空法施行規則の附属書第 2 で規定されております．内容は，**プロペラ飛行機およびターボジェット又はターボファン発動機を装備する飛行機，動力滑空機，回転翼航空機**について原型機について最初の耐空証明等の申請の受理等の時期および最大離陸重量ごとに各測定点の最大騒音値を規定しています．

C　「航空機の発動機の排出物の基準」**本基準**は航空法施行規則の附属書第 3 で規定されております．内容は次のとおりです．

(1) 第 1 章の「航空機の発動機の 排出燃料 の基準で，タービン発動機を装備した 1982 年 2 月 18 日以後に製造された**航空機**は通常の飛行又は地上運転後の発動機の停止の際，液体燃料を燃料ノズルマニフォールドから大気中に排出してはならないと規定されています．
(2) 第 2 章の「航空機の発動機の 排出ガス の基準で，ターボジェット又はターボファン発動機を装備した亜音速航空機および超音速航空機の発動機の排出ガスの基準を排出ガスの種類に応じて規定されています．

> **Key-12** 騒音，排出物の基準—航空法施行規則の付属書
>
> (1) 騒音の基準— プロペラ飛行機 ， ターボジェット又はターボファン発動機 を装備した 飛行機 ， 動力滑空機 ， 回転翼航空機 に適用
> (2) 排出物の基準
>   - 排出燃料の基準— タービン発動機，通常の飛行又は地上運転後の停止の際に適用
>   - 排出ガスの基準— ターボジェット又はターボファン発動機を装備した 亜音速および超音速航空機 に適用
>
> （同じ）

4.1.5 耐空証明の検査の省略

> ・法　第 10 条
>   5　前項の規定にかかわらず，国土交通大臣は，次に掲げる航空機については 設計又は製造過程 について検査の一部を行わないことができる．
>   一　第 12 条第 1 項の型式証明を受けた型式の航空機（初めて耐空証明を受けようとするものに限る．）
>   二　政令で定める輸入した航空機（初めて耐空証明を受けようとするものに限る．）
>   三　耐空証明を受けたことのある航空機
>   四　第 20 条第 1 項第一号の能力について同項の認定を受けた者が，国土交通省令で定めるところにより，当該認定に係る設計及び設計後の検査をした航空機
>   五　第 20 条第 1 項第五号の能力について同項の認定を受けた者が国土交通省令で定めるところにより，当該認定に係る設計及び設計後の検査をした装備品を装備した航空機（当該装備品に係る部分に限る．）
>   6　第 4 項の規定にかかわらず，国土交通大臣は，前項の航空機のうち次に掲げるものについては， 現状 についても検査の一部を行わないことができる．
>
> 「耐空証明の現状の検査の省略ができる場合」について 出題

一　前項第一号に掲げる航空機のうち，第20条第1項第二号の能力について同項の認定を受けた者が，当該認定に係る製造及び完成後の**検査をし**，かつ，国土交通省令で定めるところにより，第4項の基準に適合する**ことを確認した航空機**

　二　前項第一号に掲げる航空機のうち，**政令で定める輸入した航空機**

　三　前項第三号に掲げる航空機のうち，第20条第1項第三号の能力について同項の認定を受けた者が，当該認定に係る整備及び整備後の**検査をし**，かつ，国土交通省令で定めるところにより，第4項の基準に適合することを確認した航空機

7　耐空証明は，申請者に耐空証明書を交付することによつて行う．

A 「設計又は製造過程」の検査の省略が行われる場合（法第10条第5項）

　法第10条第5項で「設計，製造過程」について，その検査の一部を行わないことができる旨規定されている．それは次の5つの場合である．

(1) 型式証明を受けた型式の航空機（法第10条第5項第一号）
　通常同じ型式の航空機は量産されるので型式証明を受けた航空機は検査の一部を省略する．

(2) 国際民間航空条約の締結国が耐空性，騒音または発動機の排出物について証明等をした輸入航空機（法第10条第5項第二号，政令第2条）
　輸入航空機は輸出国が日本と同等の基準で耐空証明を受けているので検査の一部を省略する．

(3) 耐空証明を受けたことのある航空機（法第10条第5項第三号）
　過去に耐空証明を受けて再度耐空証明を取る場合は検査の一部を省略する．

(4) 航空機の設計及び設計後の検査の能力について認定された事業場が検査した航空機（法第10条5項第四号）
　認定された航空機メーカーが検査した場合は検査の一部を省略する．

(5) 装備品の設計及び設計後の検査の能力について認定された事業場が検査した装備品を装備した航空機（法第10条5項第五号）
　認定された装備品メーカーが検査した装備品を装備した場合は検査の一部を省略する．

B 「現状」の検査の省略が行われる場合（法第10条第6項）

さらに，航空機の検査についての十分な能力を有すると認められた認定事業場が検査した航空機や，外国当局が我が国と同等以上の基準で検査した航空機の場合には，法第10条第6項において，**現状についても検査の一部を行わないことができる**こととされている．

「下記の(1)～(3)」について 出題

(1) 型式証明を受けた航空機で，当該航空機の製造および完成後の検査の能力について国土交通大臣の認定を受けた者（航空機製造検査認定事業場）が，製造および完成後の検査（地上試験，飛行試験等）を実施し，基準への適合性を確認した航空機．（法第10条第6項第一号）

(2) 型式証明を受けた型式の航空機で，国際民間航空条約の締結国が我が国と同等以上の基準および手続きにより証明したと国土交通大臣が認めた航空機．（法第10条第6項第二号，政令第2条の2）

(3) 当該航空機の整備および整備後の検査の能力について国土交通大臣の認定を受けた者（航空機整備検査認定事業場）が，整備および整備後の検査（地上試験，飛行試験等）を実施し，基準への適合性を確認したもの．（法第10条第6項第三号）

4.1.6 耐空証明の申請手続き

（耐空証明）
- 規　第12条の2　法第10条第1項又は法第10条の2　第1項の耐空証明を申請しようとする者は**耐空証明申請書（第7号様式）**を**国土交通大臣又は耐空検査員**に提出しなければならない．
- 　2　前項の申請書に添付すべき書類及び提出の時期は，次の表（省略）に掲げる区分による．

4.1.7 耐空証明の有効期間

（耐空証明の有効期間）
- 法　第14条　耐空証明の **有効期間は，1年** とする．但し，航空運送事業の用に供する航空機については，国土交通大臣が定める期間とする．

(耐空証明の有効期間の起算日)
- 規　第23条の10　耐空証明の有効期間の起算日は，当該耐空証明に係る耐空証明書を交付する日とする．ただし，耐空証明の有効期間が満了する日の **1月前から**当該期間が満了する日までの間に新たに耐空証明書を交付する場合は，**当該期間が満了する日の翌日**とする．

法第14条により耐空証明の有効期間は1年とされている．ただし，航空運送事業の用に供する航空機については，国土交通大臣が有効期間を定めることになっている．

なお，耐空証明の有効期間の起算日は，原則として耐空証明書の交付日であるが，**更新検査の場合**で，現に有している耐空証明の有効期間が満了する1月前から満了日までの間に新しい耐空証明書の交付を受けた場合，新しい耐空証明の有効期間は，**規第23条の10**によりそれまで有していた耐空証明の有効期間満了日の翌日から起算される．

4.1.8　整備改善命令，耐空証明の効力の停止等

(整備改善命令，耐空証明の効力の停止等)
- 法　第14条の2　国土交通大臣は，耐空証明のある航空機が第10条第4項の基準に適合せず，又は前条の期間を経過する前に同項の基準に適合しなくなるおそれがあると認めるときは，**当該航空機の使用者**に対し，同項の基準に適合させるため，又は同項の基準に適合しなくなるおそれをなくするために**必要な整備，改造その他の措置をとるべきことを命ずることができる．**
    2　国土交通大臣は，第10条第4項，第16条第1項又は第134条第2項の検査の結果，当該航空機又は当該型式の航空機が第10条第4項の基準に適合せず，又は前条の期間を経過する前に同項の基準に適合しなくなるおそれがあると認めるとき，その他航空機の安全性が確保されないと認めるときは，当該航空機又は当該型式の航空機の耐空証明の効力を停止し，若しくは有効期間を短縮し，又は第10条第3項(第10条の2第2項において準用する場合を含む．)の規定により指定した事項を変更することができる．

法第14条の2第1項により国土交通大臣は第10条第4項の基準に適合せず，又は前条の期間を経過する前に同項の基準に適合しなくなるおそれがあると認めるときは，**当該航空機の使用者**に対し，同項の基準に適合させるため，又は同項の基準に適合しなくなるおそれをなくするために**必要な整備，改造その他の措置をとるべきことを命ずることができます．**

また，**法第14条の2第2項**により国土交通大臣は，法第10条第4項の**耐空証明の検査**，同第16条第1項の**修理改造検査**および同第134条第2項の**立入検査**の結果，当該航空機または当該型式の航空機が下記に該当すると認めた場合，耐空証明の効力を停止したり，もしくは有効期間を短縮したり，指定した航空機の用途および運用限界事項を変更することができます．

(1) 法第10条第4項の基準（安全性基準，騒音基準，発動機排出物基準）に適合していない
(2) 耐空証明の有効期間を経過する前に法第10条第4項の基準に適合しなくなるおそれがある
(3) その他航空機の安全性が確保されない

「整備改善命令は何か」について 出題

4.1.9 耐空証明の失効

> **（耐空証明の失効）**
> ・**法　第15条**　次の各号に掲げる航空機の耐空証明は，当該各号に定める場合には，その効力を失う．
> 　一　登録航空機　当該航空機の まつ消登録 があつた場合
> 　二　第10条第4項第二号に規定する航空機　当該航空機が航空の用に供してはならない航空機として騒音の大きさその他の事情を考慮して国土交通省令で定めるものに該当することとなった場合

耐空証明は，**法第15条**によりその航空機が**まつ消登録された場合**は，自動的に効力がなくなります．また，**規第23条の12**により最大離陸重量が34,000kgを超えるターボジェットまたはターボファン発動機を装備する航空機で，騒音基準に適合しなくなった等の場合は，耐空証明の効力を失うことになります．

4.1.10 試験飛行等の許可

(試験飛行等の許可)
- 規　第16条の14　法第11条第1項ただし書(同条第3項，法第16条第3項及び法第19条第3項において準用する場合を含む.)の許可を受けようとする者は，次に掲げる事項を記載した申請書を国土交通大臣に提出しなければならない.
  - 一　氏名及び住所
  - 二　航空機の型式並びに航空機の国籍及び登録記号
  - 三　飛行計画の概要(飛行の目的，日時及び経路を明記すること.)
  - 四　操縦者の氏名及び資格
  - 五　同乗者の氏名及び同乗の目的
  - 六　法第11条第3項において準用する同条第1項ただし書の許可を受けようとする者にあつては，指定された用途または運用限界の範囲を超えることとなる事項の内容
  - 七　法第16条第3項，又は法第19条第3項において準用する法第11条第1項ただし書の許可を受けようとする者にあつては，当該許可に係わる修理，改造又は整備の内容
  - 八　その他の参考事項

> 準用：ある事項に関する法規を，類似する他の事項に必要な修正をして適用すること.

　法第11条に規定されているように，耐空証明を受けずに航空の用に供することはできません．しかし，**規第16条の14**から下記に示すようにその例外を5つの場合に認めています．

(1) 耐空証明を受けないで飛行しようとする場合―**法第11条第1項**　ただし書きの[適用]
(2) 指定された航空機の用途および運用限界を越えて飛行する場合―**法第11条第3項**の[準用]
(3) 修理改造検査を受けないで飛行する場合―**法第16条第3項**の[準用]
(4) 航空法第19条第1項の確認を受けないで飛行する場合―**法第19条第3項**の[準用]
(5) 航空法第19条第2項の確認を受けないで飛行する場合―**法第19条第3項**の[準用]

4.1.11 耐空検査員

・法　第10条の2　国土交通省令で定める資格及び経験を有することについて国土交通大臣の認定を受けた者(以下「耐空検査員」という.)は，前条(法第10条)第1項の航空機のうち国土交通省令で定める滑空機について耐空証明を行うことができる．
　2　前条第2項から第7項までの規定は，前項の耐空証明について準用する．

・規　第16条の5　法第10条の2第1項の滑空機は，中級滑空機，上級滑空機及び動力滑空機とする．

準Key-2　耐空検査員が耐空証明が行える航空機
中級 及び 上級滑空機 及び 動力滑空機

耐空検査員の資格および経験は規**第16条の4**で定められています．

(耐空検査員)
・規　第16条の4　法第10条の2第1項の資格及び経験は，次の通りとする．
　一　資格
　　イ　法第10条の2第1項の認定を申請する日までに**23歳**に達していること．
　　ロ　**一等航空整備士**若しくは**二等航空整備士**の資格についての技能証明(動力滑空機についての限定をされているものに限る.)若しくは**航空工場整備士**の資格についての技能証明(機体構造関係，機体装備品関係，ピストン発動機関係及びプロペラ関係についての限定をされているものに限る.)を有しているか，又はこれと同等以上と認められる技能を有していること．
　二　経験
　　イ　**2年以上**滑空機の製造，改造若しくは修理又はこれらの検査に従事したこと．
　　ロ　法第10条第4項第二号及び第三号の基準に関して国土交通大臣が行う講習を終了したこと．

「耐空検査員の資格要件」として 出題

4.2 型式証明

本節では型式証明および型式設計変更，追加型式設計変更，型式証明等の設計の変更の命令および取消について説明します．

型式とは同一の設計により量産される航空機をひとまとめにする概念であり，型式名とはこれらの航空機に与えられる共通の名称です．例えばB747-400とかA320-200が型式名です．耐空証明が個々の航空機に対する耐空性および耐環境性基準への適合性を証明する行為であるのに対し，**型式証明は，航空機の型式ごとにその設計が基準に適合していることを証明する行為**です．航空機は同一の型式のものが量産されるので，あらかじめその型式ごとに基準への適合性の審査を行い，その後行われる個々の航空機の耐空証明において検査の簡略化を図ろうとするのが型式証明の目的です．

ただし，型式証明を取得した航空機であつても耐空証明は個々の航空機毎に取る必要があります．

（型式証明）

・**法　第12条**　国土交通大臣は，申請により，**航空機の型式の設計**について型式証明を行う．

　2　国土交通大臣は，前項の申請があつたときは，その申請に係る型式の航空機が**第10条第4項の基準に適合すると認めるときは**，前項の型式証明をしなければならない．

　3　型式証明は，**申請者に型式証明書を交付する**ことによつて行う．

　4　国土交通大臣は，第1項の型式証明をするときは，**あらかじめ経済産業大臣の意見をきかなければならない．**

型式証明は型式の設計が対象で基準は耐空証明の基準と同じ**法第10条第4項の基準**です．

4.2.1　型式設計変更

> ・法　第13条　　型式証明を受けた者 は，当該型式の航空機の設計の変更をしようとするときは，国土交通大臣の承認を受けなければならない．第10条第4項の基準の変更があつた場合において，型式証明を受けた型式の航空機が同項の基準に適合しなくなつたときも同様である．
> 　2　国土交通大臣は，前項の承認の申請があつたときは，当該申請に係る設計について第10条第4項の基準に適合するかどうかを検査し，これに適合すると認めるときは，承認しなければならない．
> 　3　前条第4項の規定は，国土交通大臣が前項の承認をしようとする場合に準用する．
> 　4　型式証明を受けた者であつて第20第1項第一号の能力について同項の認定を受けたものが，当該型式の航空機の設計の国土交通省令で定める変更について，当該認定に係る設計及び設計後の検査をし，かつ，国土交通省令で定めるところにより，第10条第4項の基準に適合することを確認したときは，第1項の規定の適用については，同項の承認を受けたものとみなす．
> 　5　前項の規定による確認をした者は，遅滞なく，その旨を国土交通大臣に届け出なければならない

　法第13条は型式証明を受けたものが当該型式の航空機の設計の変更をしようとするときの規定です．

4.2.2　追加型式設計変更

> ・法　第13条の2　国土交通大臣は，申請により，型式証明を受けた型式の航空機の 当該型式証明を受けた者以外の者 による設計の一部の変更について，承認を行う．
> 　2　前項の承認を受けた設計に係る航空機の型式の設計は，第10条第5項及び第6項の規定の適用については，型式証明を受けたものとみなす．

> 3　第1項の承認を受けた者は，当該承認を受けた設計の変更をしようとするときは，国土交通大臣の承認を受けなければならない．第10条第4項の基準の変更があつた場合において，当該承認を受けた設計が同項の基準に適合しなくなつたときも同様とする．
> 4　第1項の承認を受けた者であつて第20条第1項第一号の能力について同項の認定を受けたものが，当該承認を受けた設計の国土交通省令で定める変更について，当該認定に係る設計及び設計後の検査をし，かつ，国土交通省令で定め項の規定の適用については，同項の承認を受けたものとみなす．
> 5　前条第2項の規定は国土交通大臣がする第1項及び第3項の承認について同条第5項の規定は前項の規定による確認をした者について，それぞれ準用する．

　前項の「型式設計変更」は型式証明を受けた航空機メーカーが設計変更をした場合や，法第10条第4項の基準に変更が有り，その航空機が新しい基準に適合しなかった場合の条項ですが，本項の**「追加型式設計変更」**は**型式証明を受けた航空機メーカー** 以外の航空機メーカー が設計変更した場合等の条項です．

4.2.3　型式証明等の設計の変更の命令および取消

> ・**法　第13の3**　国土交通大臣は，型式証明を受けた型式の航空機又は第13条第1項若しくは前条（法第13条の2）第1項若しくは第3項の承認を受けた設計に係る航空機が第10条第4項の基準に適合せず，又は同項の基準に適合しなくなるおそれがあると認めるときは，当該型式証明又は承認（次項において「型式証明等」という）を受けた者に対し，同条第4項の基準に適合させるため，又は同項の基準に適合しなくなるおそれをなくするために必要な設計の変更を命ずることができる．
> 2　国土交通大臣は，型式証明等を受けた者が前項の規定による命令に違反したときは，当該型式証明等を取り消すことができる．

法第13の3は耐空証明に対する**法第14の2**「整備改善命令，耐空証明の効力停止等」の型式証明版です．

Key-13　耐空証明 vs 型式証明

耐空証明——国土交通大臣は，申請により個々の航空機ごとに「基準」に適合するかどうかを設計，製造過程及び現状について検査し，これらの基準に適合すると認めたときに耐空証明書を交付することによつて行われる．まつ消登録があつた場合耐空証明は失効する．この有効期間は「航空法」で1年間と決められている．

耐空証明は航空機の用途（これは耐空類別のこと）及び国土交通省令で定める航空機の運用限界（これは飛行規程に記載された航空機の限界事項のこと）を指定して行うことになつている．

型式証明——航空機の形式ごとに「基準」に適合するかどうかを航空機の型式の設計について検査し，これらの「基準」に適合すると認めたときに型式証明書を交付して行われる．型式証明はその後に行われる個々の航空機の検査（耐空証明検査）における検査の簡略化を図ろうとするのが目的であり，耐空証明が不要になつたわけではない．

型式証明をするときは，国土交通大臣はあらかじめ経済産業大臣の意見をきかなければならない．

上記での「基準」とは「施行規則の附属書」で規定されている「安全性」，「騒音」及び「発動機排出物」基準である．（ア（安），ソウ（騒），ハ（カ）イ（排）で憶えること）＝法第10条第4項の「基準」

Key-14　行為の主体者は誰

学科試験の問題で行為の主体者は誰かと問う問題がある．そのためには各条文で確認しておく必要があるが，迷ったときは下記の指針に従うこと．

行為	主体者
・登録関連事項	→ 所有者
・運用整備に関する事項	→ 使用者

演習問題

問1　次の記述について正しいものはどれか．
(1) 型式証明を有さなければ耐空証明は受けられない．
(2) 型式証明を受ければ航空の用に供することができる．
(3) まつ消登録があった場合は耐空証明は失効する．
(4) 耐空証明は航空機の強度及び構造についてのみ証明する．　　　（☆☆☆☆☆☆）

問2　耐空証明について述べた次の文章から正しいものを選べ．
(1) 耐空証明は，航空機の用途及び航空機の運用限界を指定して行う．
(2) 耐空証明は，整備規程に航空機の限界事項を指定して行う．
(3) 耐空証明は，運航規定に限界事項を指定して行う．　　　　　　（☆☆☆☆☆）
(4) 耐空証明は，飛行規程と整備規程に航空機の限界事項を指定して行う．
(5) 耐空証明は，航空機の性能及び航空機の限界事項を指定して行う．

問3　耐空証明について次のうち正しいものはどれか．
(1) 航空機の用途及び航空機の運用限界を指定して行う．
(2) 整備規程に航空機の限界事項を指定して行う．
(3) 航空機の性能及び航空機の限界事項を指定して行う．
(4) 飛行規程及び整備規程に航空機の限界事項を指定して行う．

問4　耐空証明に関する記述で次のうち誤っているものはどれか．
(1) 耐空証明は国土交通大臣の命により行う．
(2) 耐空証明は日本の国籍を有する航空機でなければ受けることができない．
(3) 耐空証明は航空機の用途及び運用限界を指定して行う．
(4) 耐空証明は設計，製造過程及び現状について行う．

問5　耐空証明に関する記述で次のうち誤っているものはどれか．
(1) 国土交通大臣は申請により耐空証明を行う．
(2) 耐空証明は設計，製造過程及び現状について行う．
(3) 耐空証明は型式証明が無なければ受けることができない．
(4) 耐空証明は航空機の用途及び国土交通省令で定める航空機の運用限界を指定して行う．

問6 耐空証明に関する記述で次のうち誤っているものはどれか.
(1) 耐空証明は航空機の用途及び運用限界を指定して行う.
(2) 耐空証明は政令で定める航空機を除き，日本の国籍を有する航空機でなければ受けることができない.
(3) 耐空証明は国土交通大臣の命により行う.
(4) 耐空証明は設計，製造過程及び現状について行う.

問7 耐空証明に関する記述で次のうち誤っているものはどれか.
(1) 耐空証明は申請者に耐空証明書を交付することによって行う.
(2) 耐空証明は登録完了後に国土交通大臣の命により行う.
(3) 耐空証明は航空機の用途及び運用限界を指定して行う.
(4) 耐空証明は設計，製造過程及び現状について行う. (☆☆)

問8 航空機の耐空類別について正しいものは次のうちどれか.
(1) 「飛行機輸送T」は最大離陸重量15,000kg以上の航空機であつて航空運送事業の用に適するもの.
(2) 「回転翼航空機普通N」は最大離陸重量2,500kg以下の回転翼航空機
(3) 「飛行曲技A」は最大離陸重量5,700kg以下の飛行機であつて，飛行機普通Nが適する飛行及び曲技飛行に適するもの
(4) 「回転翼航空機輸送TB級」は最大離陸重量8,618kg以上の多発の回転翼航空機であつて，航空運送事業の用に適するもの (☆☆☆)

問9 航空機の耐空類別の摘要について正しいものは次のうちどれか.
(1) 「飛行機輸送T」は最大離陸重量15,000kg以上の飛行機であつて，航空運送事業の用に適するもの.
(2) 「回転翼航空機普通N」は最大離陸重量5,700kg以下の回転翼航空機
(3) 「飛行機機輸送C」は最大離陸重量9,080kg以下の飛行機であつて，航空運送事業の用に適するもの.
(4) 「動力滑空機曲技A」は最大離陸重量850kg以下の滑空機であつて，動力装置を有し，かつ，普通の飛行及び曲技飛行に適するもの (☆☆☆)

問10 航空機の耐空類別について正しいものは次のうちどれか.
(1) 「飛行機輸送C」は最大離陸重量8,618kg以下の飛行機であつて，航空運送事業の用に適するもの

(2)「飛行機普通N」は最大離陸重量5,700kg以上の飛行機であつて，航空機使用事業の用に適するもの．
(3)「回転翼航空機普通N」は最大離陸重量5,700kg以下の単発回転翼航空機
(4)「回転翼航空機輸送TB級」は航空運送事業の用に適する多発の回転翼航空機であつて，臨界発動機が停止しても安全に航行できるもの　　　　　　　　（☆☆☆）

問11 耐空類別が「回転翼航空機普通N」の最大離陸重量について正しいものは次のうちどれか．
(1) 2,500kg　　(2) 2,730kg　　(3) 3,175kg　　(4) 5,700kg　　　　　（☆☆）

問12 航空法施行規則附属書第一に示される耐空類別の適用欄で用いられる重量は次のうちどれか．
(1)最大離陸重量　　(2)（最大）零燃料重量　　(3)（最小）運航重量
(4)設計最小重量　　　　　　　　　　　　　　　　　　　　　　（☆☆☆☆☆）

問13 耐空類別の摘要について次のうち正しいものはどれか．
(1)「飛行機輸送C」は最大離陸重量8,618kg以下の多発のプロペラ飛行機であつて，航空運送事業の用に適するもの（客席数が19以下であるものに限る．）
(2)「飛行機普通N」は最大離陸重量5,700kg以上の飛行機であつて，航空機使用事業の用に適するもの
(3)「回転翼航空機普通N」は最大離陸重量5,700kg以下の単発回転翼航空機
(4)「回転翼航空機輸送TB級」は航空運送事業の用に適する多発の回転翼航空機であつて，臨界発動機が停止しても安全に航行できるもの

問14 「航空機の耐空類別の定義で次のうち正しいものはどれか．
(1)飛行機輸送Tとは，最大離陸重量8,618kg以下の飛行機であつて，航空運送事業の用に適するもの
(2)飛行機曲技Aとは，最大離陸重量5,700kg以下の飛行機であつて，飛行機普通Nが適する飛行及び60°バンクをこえる旋回，錐揉，レージーエイト，シャンデル等の曲技飛行に適するもの
(3)飛行機輸送Cとは，航空運送事業の用に適するもの
(4)飛行機普通Nとは，最大離陸重量5,700kg以下の飛行機であつて，普通の飛行（60°バンクをこえない旋回及び失速（ヒップストールを除く）を含む．）に適するもの

(5) 飛行機実用Uとは，最大離陸重量 5,700kg 以下の飛行機であつて，飛行機普通Nが適する飛行及び曲技飛行に適するもの

問 15 日本の国籍を有していない場合でも耐空証明を受けられる事例として次のうち正しいものはどれか．
(1) 試験飛行等を行うための申請により許可を受けた外国航空機
(2) 外国の機関が発行した型式証明を有する航空機
(3) 外国航空機の国内使用の申請により許可を受けた航空機
(4) 外国の機関が発行した有効な耐空証明を有する航空機

問 16 運用限界等指定書の用途の欄に記載される事項は次のどれか．
(1) 耐空類別　　　　　　　　(2) 飛行機・回転翼航空機などの区分
(3) 陸上単発，水上多発などの区分
(4) 国際航空運送事業，国内定期航空運送事業

問 17 運用限界指定書の用途の欄に記載されている事項次のうちどれか．
(1) 航空機の種類　　　　　　(2) 陸上単発などの等級
(3) 航空機使用事業などの事業　(4) 耐空類別

問 18 次のうち運用限界指定書の用途の欄に記載されている事項はどれか．
(1) 耐空類別　　　　　　　　(2) 飛行機の最大速度などの制限事項
(3) 陸上単発などの飛行機の概要　(4) 航空機使用事業などの飛行目的

問 19 運用限界等指定書の用途の欄に記載される事項で次のうち正しいものはどれか．
(1) 耐空類別　　　　　　　　(2) 制限事項
(3) 等級　　　　　　　　　　(4) 事業の種類　　　　　　　　(☆☆)

問 20 運用限界等指定書の用途の欄に記載される事項として次のうち正しいものはどれか．
(1) 耐空類別　　　　　　　　(2) 陸上単発，水上多発などの区分
(3) 事業の区分　　　　　　　(4) 飛行機，回転翼航空機などの区分

問 21　運用限界等指定書の用途の欄に記載される事項として次のうち正しいものはどれか．
(1) 耐空類別　　(2) 航空機の種類　(3) 航空機の等級
(4) 自家用又は事業用の区分　　(5) 飛行規程の限界事項　　　　（☆☆☆）

問 22　運用限界等指定書の用途の欄に記載される事項として次のうち正しいものはどれか．
(1) 耐空類別　　(2) 陸上単発，水上多発などの区分
(3) 国際航空運送事業，国内定期航空運送事業，航空機使用事業，自家用などの区分
(4) 飛行機，回転翼航空機などの区分　　　　　　　　　　（☆☆☆☆☆）

問 23　耐空証明で指定される航空機の「運用限界」として次のうち正しいものはどれか．
(1) 飛行規程に記載された航空機の限界事項
(2) 型式証明で実証された航空機の限界強度
(3) 運用規程に記載された航空機の性能限界
(4) 耐空証明で実証された航空機の騒音限界

問 24　耐空証明は航空機の用途及び省令で定める航空機の運用限界を指定して行うが，指定に該当しないものは次のどれか．
(1) 対気速度限界　　　　　(2) 許容重心位置範囲
(3) 最大離陸重量　　　　　(4) 失速性能

問 25　耐空証明で指定される航空機の「運用限界」として次のうち正しいものはどれか．
(1) 飛行規程に記載された航空機の限界事項
(2) 型式証明で実証された航空機の限界強度
(3) 運用規程に記載された航空機の性能限界
(4) 耐空証明で実証された航空機の騒音限界

問 26　法第 10 条第 4 項において耐空証明を行う基準として次のうち正しいものはどれか．
(1) 設計及び製造過程　　　　(2) 設計，製造過程及び現状

(3) 強度，構造及び性能
(4) 強度．構造及び性能並びに騒音及び発動機の排出物　　　　　　　（☆☆☆）

問27　「航空機及び装備品の安全性を確保するための強度，構造及び性能についての基準」は，何の附属書であるか．次の中から選べ．
(1) 航空法　　　　　　　　(2) 航空法施行令
(3) 航空法施行規則　　　　(4) 耐空性審査要領

問28　次の中から正しいものを選べ．
(1)「航空機の騒音の基準」は，航空法施行規則の附属書である．
(2)「航空機の騒音の基準」は，耐空性審査要領の附属書である．
(3)「航空機の騒音の基準」は，航空法の附属書である．
(4)「航空機の騒音の墓準」は，航空法施行令の附属書である．　　　（☆☆☆）

問29　「航空機の騒音の基準」を附属書とする書類は次のうちどれか．
(1) 航空法　　　　　　　　(2) 航空法施行令
(3) 航空法施行規則　　　　(4) 耐空性審査要領　　　　　　　　　　（☆☆）

問30　騒音の基準の適用を受ける航空機について次のうち正しいものはどれか．
(1) ターボファンエンジンを装備する航空機（に限定される．）
(2) ターボジェットエンジンを装備する航空機（に限定される．）
(3) 施行規則附属書に定める飛行機（に限定される．）
(4) 施行規則附属書に定める飛行機，動力滑空機及び回転翼航空機（に限定される．）
　　　　　　　　　　　　　　　　　　　　　　　　　　　　　　　　（☆☆☆）

問31　騒音基準の適用を受ける航空機について次のうち誤っているものはどれか．
(1) 動力滑空機　　　　　　(2) プロペラ飛行機
(3) 回転翼航空機　　　　　(4) 飛行船

問32　発動機の排出物の基準の適用を受ける航空機について正しいものは次のうちどれか．
(1) 排出燃料についてはタービン発動機，排出ガスについてはターボジェット又はターボファン発動機を装備する航空機
(2) 排出燃料についてはターボジェット又はターボファン発動機，排出ガスについてはタービン発動機を装備する航空機

(3) 排出燃料，排出ガスともタービン発動機を装備する航空機
(4) 排出燃料，排出ガスともターボジェット又はターボファン発動機を装備する航空機 (☆☆☆)

問33 発動機の排出物の基準の適用について次のうち正しいものはどれか．
(1) 排出燃料についてはタービン発動機が規制を受ける．
(2) 排出燃料についてはタービン発動機，ピストン発動機ともに規制を受ける．
(3) 排出燃料については通常の飛行時のみであり地上での規制は受けない．
(4) 排出燃料については発動機が一定の出力を超えるもののみ規制を受ける．

(☆☆☆)

問34 「航空機の発動機の排出物の基準」は，何の附属書であるか．次の中から選べ．
(1) 航空法 (2) 航空法施行令
(3) 航空法施行規則 (4) 耐空性審査要領

問35 耐空検査で現状について検査の一部を行わないことができる場合で次のうち誤っているものはどれか．
(1) 製造及び完成後の検査の能力に係る認定を受けた者が確認をした航空機
(2) 政令で定める輸入した航空機
(3) 整備及び整備後の検査の能力に係る認定を受けた者が確認をした航空機
(4) 型式証明を取得し運用限界を指定された航空機 (☆☆)

問36 耐空証明の有効期間を定めているものはどれか．
(1) 航空法 (2) 航空法施行令［耐空性審査要領］
(3) 航空法施行規則 (4) 告示 (☆☆☆☆☆)

問37 整備改善命令は誰に対してなされるか［を受けるものとして正しいものはどれか］．
(1) 航空機の製造者 (2) 航空機の所有者
(3) 航空機の使用者 (4) 航空機の整備責任者 (☆☆☆☆☆)

問38 整備改造命令に関する下記の文章中(A)及び(B)に当てはまる言葉はどれか．
【国土交通大臣は耐空証明のある航空機が(A)に適合せず，又は耐空証明の期間を

経過する前に同項の基準に適合しなくなるおそれがあると認めるときは当該航空機の(B)に対し同項の基準に適合させるため又は同項の基準に適合しなくなるおそれをなくするために必要な整備，改造その他の措置をとるべきことを命ずることができる.】

(1) A：法第 10 条第 4 項の基準　　　　B：所有者
(2) A：法第 10 条第 4 項の基準　　　　B：使用者
(3) A：騒音及び発動機の排出物の基準　B：所有者
(4) A：騒音及び発勤機の排出物の基準　B：使用者

問 39 整備改造命令について次のうち誤っているものはどれか.
(1) 法第 10 条第 4 項の基準に適合しない場合
(2) 重大インシデントが連続して多発した場合
(3) 必要な整備，改造その他の措置をとるべきことを命ずる.
(4) 耐空証明の有効期間を経過する前に法第 10 条第 4 項の基準に適合しなくなるおそれがあると認められるとき

問 40 耐空証明が効力を失う時は次のうちどれか.　　　　（☆☆☆☆☆☆☆）
(1) 耐空証明書を失ったとき　　　　(2) 航空機のまつ消登録があつたとき
(3) 航空機の変更登録があつたとき　(4) 航空機の移転登録があつたとき

問 41 耐空証明の効力の停止等が行われる場合として次のうち誤っているものはどれか.
(1) 法第 10 条第 4 項の基準に適合しない場合
(2) 耐空証明の有効期間を経過する前に法第 10 条第 4 項の基準に適合しなくなるおそれがある場合
(3) 同一機種において重大事故が連続して発生した場合
(4) 航空機の安全性が確保されないと認めた場合

問 42 耐空証明を有していない航空機が航空の用に供することができる事例として次のうち正しいものはどれか.
(1) 型式証明を受けた場合
(2) 修理改造検査を受けた場合
(3) 運用許容基準の範囲内で運航することを国土交通大臣に届け出た場合　［飛行管理者の許可を受けた場合］

(4) 試験飛行等を行うため国土交通大臣の許可を受けた場合　　　　　　　（☆☆）

問 43　航空機は有効な耐空証明を有していなければ航空の用に供してはならないが，次のうち飛行可能なのはどれか．
(1) 型式証明を受けた場合
(2) 修理改造検査を受けた場合
(3) 飛行管理者の許可［航空整備士の確認］を受けた場合
(4) 法第 11 条第 1 項ただし書きの許可を受けた場合　　　　　　　（☆☆☆☆☆）

問 44　有効な耐空証明を有していない航空機が航空の用に供してもよい例として次のうち正しいものはどれか．
(1) 型式証明を受けた場合
(2) 修理改造検査を受けた場合
(3) 航空整備士の確認行為を伴う飛行の場合
(4) 試験飛行等を行うため国土交通大臣の許可を受けた場合　　　　　　　（☆☆）

問 45　耐空検査員が耐空証明を行うことができる航空機は次のどれか．
(1) 初級及び中級滑空機　　　(2) 中級及び上級滑空機
(3) 上級及び動力滑空機　　　(4) 中級，上級及び動力滑空機　　　（☆☆☆☆☆）

問 46　対空検査員が耐空証明を行うことができる航空機は次のうちどれか．
(1) すべての滑空機　　　　　(2) 中級，上級及び動力滑空機
(3) 軟式飛行船及び滑空機　　(4) 超軽量飛行機　　　　　　　　　（☆☆）

問 47　「耐空検査員」の認定を受けることができる例として次のうち正しいものはどれか．
(1) 23 才以上で 1 等，又は 2 等航空整備士（滑空機）にかかるいずれかの等級について限定された技能証明を有し経験要件を満たしている者
(2) 23 才以上で 1 等航空整備士にかかる飛行機について限定された技能証明を有し経験要件を満たしている者
(3) 23 才以上で航空工場整備士にかかる必要な業務の種類について限定された技能証明を有し経験要件を満たしている者
(4) 23 才以上で航空整備士（航空工場整備士を含む）にかかるいずれかの技能証明を有し経験要件を満たしている者

問 48　型式証明は何に対して行われるか．次の中から正しいものを選べ．
(1) 型式の設計
(2) 安全性を確保するための強度，構造及び性能
(3) 安全性を確保するための強度，構造，性能及び発動機の騒音
(4) 安全性を確保するための強度，構造，性能及び発動機の騒音と排出物

問 49　型式証明について，次のうち正しいものはどれか．
(1) 航空機が当該型式の設計に適合していることについて，国土交通大臣が航空機毎に行う証明である．
(2) 国土交通大臣の行う，航空機の型式の設計に対する証明である．
(3) 航空機の強度，構造及び性能について，国土交通大臣が航空機毎に行う証明である．
(4) 耐空証明を有する航空機の型式の設計が変更されたときに，国土交通大臣が行う証明である．［航空機製造事業法に関連して経済産業大臣が行う型式設計の証明である．］　　　　　　　　　　　　　　　　　　　　　　（☆☆）

問 50　航空機の型式証明について正しいものは次のうちどれか．
(1) 航空機が型式設計に適合することの証明である．
(2) 航空機の製造方法についての証明である．
(3) 航空機個々の強度，構造及び性能が基準に適合することの証明である．
(4) 航空機の型式の設計が基準に適合することの証明である．（☆☆☆☆☆☆）

問 51　型式証明について次のうち正しいものはどれか．
(1) 航空機の製造後の安全性について行う証明である．
(2) 航空機の型式の設計について行う証明である．
(3) 航空機の製造方法の適切性について行う証明である．
(3) 航空機ごとに強度，構造及び性能が基準に適合することの証明である．

問 52　型式証明について次のうち正しいものはどれか．
(1) 航空機の型式の設計について行う証明である．
(2) 航空機の製造方法について行う証明である．
(3) 航空機個々の強度，構造及び性能が基準に適合することの証明である．
(4) 国土交通大臣は型式証明をするときは航空局長の意見をきかなければならない．

演習問題

問 53 型式証明について次のうち正しいものはどれか．
(1) 航空機の型式の設計について行う証明である．
(2) 航空機の製造方法についての証明である．
(3) 航空機個々の強度，構造及び性能が基準に適合することの証明である．
(4) 航空機が型式設計に適合していることの証明である．

問 54 型式証明についての記述で次のうち誤っているものはどれか．
(1) 国土交通大臣は申請により航空機の強度及び構造について型式証明を行う．
(2) 法第 10 条第 4 項の基準に適合するときは型式証明をしなければならない．
(3) 型式証明は，申請者に型式証明書を交付することにより行う．
(4) 型式証明を行うときはあらかじめ経済産業大臣の意見をきかなければならない．

問 55 型式証明について次のうち誤っているものはどれか．
(1) 航空機の型式の設計について行われる．
(2) 申請者に型式証明書を交付することにより行われる．　　　　　　　（☆☆）
(3) 航空機個々について強度，構造及び性能が基準に適合しているか証明する．
(4) 国土交通大臣はあらかじめ経済産業大臣の意見をきかなければならない．

問 56 型式証明について次のうち正しいものはどれか．
(1) 航空機が当該型式の設計に適合していることについて，国土交通大臣が航空機ごとに行う証明である．
(2) 航空機の型式の設計について国土交通大臣が行う証明である．
(3) 航空機の強度，構造及び性能について，国土交通大臣が航空機ごとに行う証明である．
(4) 耐空証明を有する航空機の型式の設計が変更されたときに，国土交通大臣が行う証明である．

問 57 型式証明について次のうち正しいものはどれか．
(1) 航空機ごとに基本設計に適合していることの証明である．
(2) 航空機の製造方法についての証明である．
(3) 航空機ごとに強度，構造及び性能が基準に適合することの証明である．
(4) 航空機の型式の設計について行う証明である　　　　　　　　　　　（☆☆）

第 5 章　航空機の安全性（2）

　本章では航空法の「第 3 章 航空機の安全性」の中の修理改造検査と予備品証明について説明します．

5.1　修理改造検査

　本節では修理改造検査の内容と基準およびその申請について説明します．

5.1.1　修理改造検査とは

> （修理改造検査）
> ・法　第 16 条　耐空証明のある航空機の 使用者 は，当該航空機について国土交通省令で定める範囲の修理又は改造（次条（第 17 条）の 予備品証明を受けた予備品を用いてする国土交通省令で定める範囲の修理を除く ．）をする場合には，その計画及び実施について国土交通大臣の検査を受け，これに合格しなければ，これを航空の用に供してはならない．
> 　2　第 10 条の 2 第 1 項の滑空機であつて，耐空証明のあるものの 使用者 は当該滑空機について前項の修理又は改造をする場合において耐空検査員の検査を受け，これに合格したときは，同項の規定にかかわらず，これを航空の用に供することができる．
> 　3　第 11 条第 1 項ただし書の規定は，第 1 項の場合に準用する．
> 　4　国土交通大臣又は耐空検査員は，第 1 項又は第 2 項の検査の結果，当該航空機が，国土交通省令で定めるところにより，第 10 条第 4 項各号の基準に適合すると認めるときは，これを合格としなければならない．

（修理改造検査）

・規　第 24 条　法第 16 条第 1 項の検査を受けるべき国土交通省令で定める範囲の修理又は改造は，次の表の左欄に掲げる航空機の区分に応じ，それぞれ同表の右欄に掲げるものとする．

航空機の区分	修理又は改造の範囲
一　法第 19 条第 1 項の航空機(*)	第 5 条の 6 の表に掲げる作業の区分のうちの**改造**
二　前号に掲げる航空機以外の航空機	イ　第 5 条の 6 の表に掲げる作業の区分のうちの **大修理** 又は **改造**（滑空機にあつては，**大修理** 又は **大改造**） ロ　法第 10 条第 4 項第 2 号の航空機(**)について行う次に掲げる **修理** 又は **改造** その他の当該航空機の **騒音に影響を及ぼすおそれのある修理又は改造** 　(1) ナセルの形状の変更その他の航空機の形状の大きな変更を伴う修理又は改造 　(2) 装備する発動機又はその部品（航空機の騒音に影響を及ぼす吸音材その他の部品に限る．）の変更を伴う修理又は改造 　(3) 離着陸性能の大きな変更を伴う修理又は改造 ハ　法第 10 条第 4 項第 3 号の航空機(***)について行う次に掲げる **修理** 又は **改造** その他の当該航空機の **発動機の排出物に影響を及ぼすおそれのある修理又は改造** 　(1) 発動機の空気取入口の形状の変更を伴う修理又は改造 　(2) 装備する発動機，燃料系統又はこれらの部品（発動機の排出物に影響を及ぼす燃焼室その他の部品に限る．）の変更を伴う修理又は改造 　(3) 発動機の性能の大きな変更を伴う修理又は改造

(*)　　　規第 31 条の 2 で航空運送事業の用に供される客席数が 30 又は最大離陸重量が 15,000kg を超える飛行機及び回転翼航空機と規定されています．
(**)　　騒音の基準が適用される航空機
(***)　発動機の排出物の基準が適用される航空機

・規　第 24 条の 2　法第 16 条第 1 項の検査を受けることを要しない国土交通省令で定める範囲の修理は，第 5 条の 6 の表に掲げる作業の区分のうちの **大修理** であつて，**前条（規第 24 条）の表第二号の右欄ロ及びハに掲げる修理に該当しないもの** とする．

　法第 16 条 で耐空証明のある航空機は **規第 24 条** で規定された範囲の修理又は改造を行った場合国土交通大臣の検査を受けなければ航空の用に供してはならないと規定されています．これに該当する検査を **修理改造検査** と言います．

5.1.2 修理改造検査の内容と基準

- **規　第 26 条**　法第 16 条第 1 項 又は第 2 項の**検査は，修理又は改造の計画，過程及び作業完了後の現状について行う**．

　　2　前項の規定にかかわらず，法第 20 条第 1 項第一号の能力について同項の認定を受けた者が，第 35 条第七号の規定により，当該認定に係る設計及び設計後の検査をした航空機については，修理又は改造の計画又は過程について検査の一部を行わないことができる．

- **規　第 26 条の 2**　国土交通大臣又は耐空検査員は，法第 16 条第 1 項又は法第 16 条第 1 項の検査の結果，航空機が次の表の左欄に掲げる航空機の区分及び同表の中欄に掲げる修理又は改造の範囲に応じ，それぞれ同表の右欄に掲げる基準に適合すると認めるときは，これを合格とするものとする．

航空機の区分	修理又は改造の範囲		基準
一　法第 19 条第 1 項の航空機	イ	第 24 条の表第一号の右欄に掲げる改造（ロ及びハに掲げる改造を除く．)	法第 10 条第 4 項第一号の基準
	ロ	第 24 条の表第二号の右欄ロに掲げる改造	法第 10 条第四項第一号及び第二号の基準
	ハ	第 24 条の表第二号の右欄ハに掲げる改造	法第 10 条第 4 項第一号及び第三号の基準
二　前号に掲げる航空機以外の航空機	イ	第 24 条の表第二号の右欄イに掲げる修理又は改造（ロ及びハに掲げる修理又は改造を除く．)	法第 10 条第四項第一号の基準
	ロ	第 24 条の表第二号の右欄ロに掲げる修理又は改造	法第 10 条第 4 項第一号及び第二号の基準
	ハ	第 24 条の表第二号の右欄ハに掲げる修理又は改造	法第 10 条第 4 項第一号及び第三号の基準

　規第 26 条で修理改造検査の内容を**修理又は改造の計画，過程及び作業完了後の現状**について行うと規定し，**規第 26 条の 2** で，その基準を耐空証明や型式証明と同様に**法第 10 条第 4 項**としています．

> **Key-15** 「修理改造検査」を受ける必要がある作業区分
>
> (1) 航空運送事業の用に供される客席数が 30 又は最大離陸重量が 15,000kg を超える飛行機及び回転翼航空機 ── 改造
> (2) (1) 以外の航空機
> 　(1) 大修理 及び 改造 (滑空機の場合は 大修理 及び 大改造)
> 　(2) 騒音の基準が適用される航空機 ── 次の修理及び改造
> 　　(ⅰ) ナセルの形状の変更，航空機の形状の大きな変更
> 　　(ⅱ) 装備する発動機又はその部品 (航空機の騒音に影響を及ぼす吸音材その他の部品に限る.) の変更
> 　　(ⅲ) 離着陸性能の大きな変更
> 　　(ⅳ) その他の航空機の騒音に影響を及ぼすおそれのある修理又は改造
> 　(3) 発動機の排出物の基準が適用される航空機 ── 次の 修理 及び 改造
> 　　(ⅰ) 発動機の空気取入口の形状の変更
> 　　(ⅱ) 装備する発動機，燃料系統又はこれらの部品 (発動機の排出物に影響を及ぼす燃焼室その他の部品に限る.) の変更
> 　　(ⅲ) 発動機の性能の大きな変更
> 　　(ⅳ) その他の発動機の排出物に影響を及ぼすおそれのある修理又は改造
> ただし，**大修理**であつても予備品証明を受けた**予備品**を用いて行われる場合は「修理改造検査」の対象にならない．

5.1.3　修理改造検査の申請

- 規　**第 25 条**　法第 16 条第 1 項又は第 2 項の検査を受けようとする者は，修理改造検査申請書 (第 12 号様式) を国土交通大臣又は耐空検査員に提出しなければならない．
- 　2　前項の申請書に添付すべき書類及び提出の時期は，次の表による．

添付書類	提出の時期
一　修理又は改造の計画	作業着手前
二　飛行規程 (変更に係る部分に限る.)	現状についての検査実施前
三　整備手順書 (変更に係る部分に限る.)	

添付書類	提出の時期
四　航空機の重量及び重心位置の算出に必要な事項を記載した書類	現状についての検査実施前
五　第39条の4第1項の規定により検査の確認をした旨を証する書類(次条第2項に掲げる航空機に限る.)	
六　前各号に掲げるもののほか，参考事項を記載した書類	

　規第25条で修理改造検査を受ける場合の申請書を提出する必要が有る旨規定しその添付書類の種類と提出時期について規定されています．

5.2　予備品証明

　本節では予備品証明の内容および検査内容，みなし処置，失効，型式承認・仕様承認について説明します．

5.2.1　予備品証明とはなにか

(予備品証明)
- 法　第17条　耐空証明のある航空機の使用者は，発動機，プロペラその他国土交通省令で定める航空機の安全性の確保のため主要な装備品について，国土交通大臣の予備品証明を受けることができる．
  - 2　国土交通大臣は，前項の予備品証明の申請があつた場合において，当該装備品が第10条第4項第一号の基準に適合するかどうかを検査し，これに適合すると認めるときは，予備品証明をしなければならない．

(予備品証明)
- 規　第27条　法第17条第1項の国土交通省令で定める安全性の確保のため重要な装備品とは，次に掲げるものをいう．
  - 一　回転翼
  - 二　トランスミッション
  - 三　計器
  - 四　起動機，磁石発電機，機上発電機，燃料ポンプ，プロペラ調速器，気化器，高圧油ポンプ，与圧室用過給器，防氷用燃焼器，防氷液ポンプ，高

圧空気ポンプ, 真空ポンプ, インバーター, 脚, フロート, スキー, スキッド, 発電機定速駆動器, 水・アルコール噴射ポンプ, 排気タービン, 燃焼式客室加熱器, 方向舵, 昇降舵, 補助翼, フラップ, 燃料噴射ポンプ, 滑油ポンプ, 冷却液ポンプ, フェザリング・ポンプ, 燃料管制装置, 除氷系統管制器, 酸素調節器, 空気調和装置用圧力調節器, 高圧空気源調整器, 高圧空気管制器, 電源調整器, 高圧油調整器, 高圧油管制器, 滑油冷却器, 冷却液冷却器, 燃料タンク（インテグラル式のものを除く.）, 滑油タンク, 機力操縦用作動器, 脚作動器, 動力装置用作動器, 点火用ディストリビューター, 点火用エキサイター, 発動機架及び航法装置（電波法の適用を受ける無線局の無線設備を除く.）

注）航法装置では，「方向探知器及びVOR受信装置，ローカライザー受信装置, グライドスロープ受信装置，マーカー受信装置，慣性航法装置，EGPWS（強化型対地接近警報装置，GPS装置」が対象となる.

なお，機上DME装置及び航空交通管制自動応答装置，気象レーダー，電波高度計，VHF通信装置は電波法の適用を受ける無線局の無線設備のため**予備品証明対象部品ではない**.

「○○○○の装備品」は 出題

法第17条および規第27条で定める**安全性の確保のため重要な装備品**について装備品単独の状態で国土交通大臣が予め検査して耐空性を証明するのが**予備品証明**です．予備品とは補用品のことです．これらの部品で予備品証明を取得した予備品を用いて行った修理は，**法第16条**の修理改造検査の対象とはならず，有資格整備士による確認を受けることによって航空の用に供することができます．

5.2.2 予備品証明の検査内容

・規 第29条 法第17条第2項の検査は，設計，製造過程，整備又は改造の過程及び現状について行う．

2 前項の規定にかかわらず，法第20条第1項第五号の能力について同項の認定を受けた者が，第35条第七号の規定により，当該認定に係る設計及び設計後の検査をした装備品については，次の各号に掲げる区分に応じて，それぞれ当該各号に定める検査の一部を行わないことができる．

一　製造をした装備品　当該装備品の設計又は製造過程についての検査
　　二　整備をした装備品　当該装備品の設計又は整備の過程についての検査
　　三　改造をした装備品　当該装備品の設計又は改造の過程についての検査

・規　第30条　法第17条第2項の予備品証明は，同項の検査に合格した装備品について，予備品証明書(第14号様式)を交付するか，又は予備品検査合格の表示(第15号様式又は第15号の2様式)をすることによつて行う．

規第29条で予備品証明の検査は，設計，製造過程，整備又は改造の過程及び現状について行うと規定されています．規第30条により検査に合格した装備品には予備品証明書を交付するか予備品検査合格の表示することになっています．

5.2.3　予備品証明におけるみなし処置

(予備品証明)
・法　第17条
　3　第1項の装備品であつて次の各号のいずれかに該当するものは，前条第1項の規定の適用については，第1項の**予備品証明を受けたもの**とみなす．
　一　第20条第1項第六号の能力について同項の認定を受けた者が，当該認定に係る製造及び完成後の検査をし，かつ，国土交通省令で定めるところにより，第10条第4項第一号の**基準に適合することを確認した装備品**
　二　第20条第1項二号の能力について同項の認定を受けた者が，国土交通省令で定めるところにより，第10条第4項第一号の**基準に適合することを確認した当該認定に係る航空機の装備品**
　三　第20条第1項第七号の能力について同項の認定を受けた者が，当該認定に係る修理又は改造をし，かつ，国土交通省令で定めるところにより，第10条第4項第一号の**基準に適合することを確認した装備品**
　四　国土交通省令で定める**輸入した装備品**

（予備品証明を受けたものとみなす輸入装備品）
- 規　第30条の2　法第17条第3項第四号の国土交通省令で定める輸入した装備品は，次に掲げるものとする．
  - 一　その耐空性について国際民間航空条約の締約国たる外国が証明その他の行為をした装備品
  - 二　装備品の製造，修理又は改造の能力についての認定その他の行為に関して我が国と同等以上の基準及び手続を有すると国土交通大臣が認めた外国において，当該基準及び手続により当該認定その他の行為を受けた者が製造，修理又は改造をし，かつ，その耐空性について確認した装備品

予備品証明は次のいずれかに該当する場合は，**予備品証明を受けたものとみなすこととされており**，予備品証明を受けていなくても，受けたものとまったく同様に扱うことができます．

(1) **法第20条の規定で**事業場の認定を受けたものが法第10条4項第一号の基準に適合することを確認した装備品（法第17条）
(2) 規第30条の2で規定される**輸入装備品**

5.2.4　予備品証明の失効

（予備品証明）
- 法　第17条
  - 4　予備品証明（前項の規定により受けたものとみなされた予備品証明を含む．）は，当該予備品について 国土交通省令で定める範囲の修理若しくは改造をした場合 又は 当該予備品が航空機に装備されるに至つた場合 は，その効力を失う．

（予備品証明の失効）
- 規　第30条の3　法第17条第4項の国土交通省令で定める範囲の修理及び改造は，第5条の6の表に掲げる作業の区分のうちの 大修理 又は 改造 （滑空機に装備する予備品にあつては， 小改造 を除く．）とする．

法第17条4項および**規第30条の3**に，下記の場合予備品証明の効力は失うと規定されています．

(1) 当該予備品に**大修理**又は**改造**（滑空機に装備する予備品にあつては，小改造を除く．）をした場合
(2) 当該予備品が航空機に装備されるに至つた場合

Key-16　予備品証明

- 対象品 ── 国土交通省令で定める航空機の安全性の確保のため重要な装備品（少なくとも（発動機 , プロペラ と頻出対象品 慣性航法装置 , VOR受信機 ）を憶えよ．）
- 基準 ── 法第10条第4項第一号→ア（安）
- 合格すると 予備品証明書 の交付または 予備品検査合格の表示 がなされる
- 有効期間は無くおよび装備する航空機の型式は限定されない．
- みなし処置
(1) 認定事業場で確認されたもの ── 装備品基準適合証 を発行
(2) ICAO締約国の政府が証明したもの
- 失効 ──
(1) **大修理**または**改造**（滑空機に装備する予備品の場合は**大修理**または**大改造**）
(2) 航空機に装備された場合

5.2.5　型式承認・仕様承認

- 規　第14条　法第10条第4項第一号（法第10条2第2項において準用する場合を含む．）の基準は，附属書第1に定める基準（**装備品及び部品**については附属書第1に定める基準又は国土交通大臣が承認した**型式**若しくは**仕様**（電波法（昭和25年法律第131号）の適用を受ける無線局の無線設備にあつては，同法に定める技術基準））とする．

- 規　第14条の2　前条（第14条）第1項の**型式又は仕様の承認**を申請しようとする者は，装備品等型式（仕様）承認申請書（第7号の2様式）を国土交通大臣に提出しなければならない．
  2　前項の申請書には，次に掲げる書類を添付しなければならない．
   （略）

3 前条第1項の型式又は仕様の承認は，装備品等型式(仕様)承認書(第7号の3様式)を申請者に交付することによつて行う．

4 前条第1項の承認を受けた者は，当該承認を受けた型式又は仕様について変更しようとするときは，国土交通大臣の承認を受けなければならない．

5 第1項から第3項までの規定は，前項の場合について準用する．

6 前条第1項の承認を受けた者であって法第20条第1項第五号の能力について同項の認定を受けたものが，当該承認を受けた型式又は仕様に係る設計の変更(第6条の表に掲げる設計の変更の区分のうちの小変更に該当するものに限る．)について，第35条第七号の規定による検査をし，かつ，第40条第2項の規定により当該型式又は仕様に適合することを確認したときは，第4項の規定の適用については，同項の承認を受けたものとみなす．

7 前項の規定による確認をした者は，遅滞なく，次に掲げる事項を記載した届出書を国土交通大臣に提出しなければならない．
(略)

8 前項の届出書には，次に掲げる書類を添付しなければならない．
(略)

9 国土交通大臣は，前条第1項の承認を受けた型式若しくは仕様の装備品若しくは部品の安全性若しくは均一性が確保されていないと認められるとき又は当該装備品若しくは部品が用いられていないと認められるときは，当該承認を取り消すことができる．

10 前条第1項の承認を受けた型式又は仕様の装備品又は部品を製造する者は，当該装備品又は部品に同項の承認を受けた旨の表示を行わなければならない．

11 前項の規定により行うべき表示の方法については，第3項の装備品等型式(仕様)承認書において指定する．

・規 第15条　国土交通大臣は，申請により，装備品又は部品が第14条第1項の型式に適合するものであるかどうかについて検査を行い，これに適合すると認めるときは，当該型式に適合する旨の認定を行う．

2 前項の規定により行うべき検査の種類は，前条第3項の装備品等型式(仕様)承認書において指定する．

3 第1項の認定を受けた装備品又は部品は，法第10条第4項又は法第17条第2項の検査においては，法第10条第4項第一号の基準に適合しているものとみなす．

航空機用の装備品および部品については，耐空性・安全性について十分保証されたものでなければ使用することはできない．1個とか2個とか製作する場合には，その都度，航空局の検査官の検査を受ければよいが，**多数の同一設計部品を量産する場合には**，全数にわたって検査を受けることは繁雑なので，**型式承認または仕様承認**を取得することにより，**検査の簡素化が図られます**．型式承認および仕様承認の対象となる装備品によって下記のように分けられます．

・**型式承認** —— 法第17条，規則第27条の**予備品証明対象部品**および**規第152条**の**特定救急用具**が対象になる．
　型式承認に合格している装備品でも，予備品証明対象部品は予備品証明を取得してからでないと，航空機に装備することができない．　「予備品証明の取得の必要性」について 出題

・**仕様承認** —— 上記型式承認以外の装備品と部品

演習問題

問1 滑空機以外で修理改造検査を受けなければならない修理及び改造とは次のうちどれか．［航空法施行規則第5条の6「整備及び改造」の表において，滑空機を除き，修理改造検査を受ける必要がある作業区分として次のうち正しいものはどれか．］
(1) 修理及び小改造　　　　(2) 大修理及び改造
(3) 大修理及び大改造　　　(4) 修理及び大改造　　　　　　　（☆☆☆☆）

問2 修理改造検査を受ける必要がある作業の区分は次のうちどれか．（ただし，滑空機を除く）
(1) 修理及び改造　　　　　(2) 大修理及び改造
(3) 大修理及び大改造　　　(4) 修理及び大改造　　　　　　　（☆☆☆☆）

問3　滑空機で修理改造検査を受けなければならない修理及び改造とは次のうちどれか．
(1) 修理及び改造　　　　　(2) 大修理及び改造
(3) 大修理及び大改造　　　(4) 修理及び大改造　　　　　　　　　　（☆☆☆）

問4　修理改造検査を受けなければならないのは次のうちどれか．
(1) 大修理を行った場合　　(2) 小修理を行った場合
(3) 大変更を行った場合　　(4) 小変更を行った場合

問5　修理改造検査を受けなければならないもので次のうち正しいものはどれか．
(1) 大修理を行った場合　　(2) 小修理を行った場合
(3) 軽微な修理を行った場合　(4) 保守を行った場合

問6　（航空法施行規則第24条の表で掲げる．）航空機の騒音に影響を及ぼすおそれのある修理又は改造について次のうち誤っているものはどれか．
(1) ナセルの形状の変更その他の航空機の形状の大きな変更を伴う修理又は改造
(2) 装備する発動機又はその部品（航空機の騒音に影響を及ぼす吸音材その他の部品に限る）の変更を伴う修理又は改造
(3) 離着陸性能の大きな変更を伴う修理又は改造
(4) 発動機の限界事項の大きな変更を伴う修理又は改造　　　　　（☆☆☆）

問7　予備品証明について，誤っているものは次のうちどれか．
1　予備品証明の対象となるものは，国土交通省令で定める航空機の安全性の確保のため重要な装備品である．
2　予備品証明には有効期間と装備する航空機の型式限定が付される．
3　予備品証明の検査は，法10条第4項第1号の基準に適合するかどうかについて行われる．
4　予備品証明は合格した装備品について，予備品証明書を交付するか，又は予備品検査合格の表示によって行われる．　　　　　　　　　（☆☆☆☆☆☆）

問8　予備品証明について，誤っているのは次のうちどれか．
(1) 予備品証明の対象となるものは国土交通省令で定める航空機の安全性の確保のため重要な装備品である．
(2) 予備品証明書には発行年月日と装備する航空機の型式限定が記される．

(3) 予備品証明の検査は，法第10条第4項第1号の基準に適合するかどうかについて行われる．
(4) 予備品証明は合格した装備品について，予備品証明書を交付するか，または予備品検査合格の表示によって行われる．

問9 次の装備品のうち予備品証明対象部品はどれか．
(1) 機上DME装置　　　　(2) 航空交通管制用自動応答装置
(3) 慣性航法装置　　　　(4) 気象レーダー　　　　　　　（☆☆☆☆☆☆）

問10 次の装備品のうち予備品証明対象部品はどれか．
(1) 慣性航法装置　　　　(2) 機上DME装置　　　　(3) 電波高度計
(4) 航空交通管制用自動応答装置　　　　　　　　　　　（☆☆☆☆）

問11 次の機上装備品で予備品証明対象部品として次のうち正しいものはどれか．
(1) DME装置　　　　(2) VOR装置
(3) 電波高度計　　　　(4) 気象レーダ　　　　　　　　　（☆☆）

問12 機上装備の装置のうち予備品証明の対象として次のうち誤っているものはどれか．
(1) EGPWS(強化型対地接近警報装置)　　(2) GPS装置
(3) VHF通信装置　　　　　　　　　　　　(4) VOR装置

問13 装備品等型式承認について正しいものは次のうちどれか．
(1) 予備品証明対象部品以外の部品を国産することの承認である．
(2) 予備品証明対象部品を量産したとき予備品証明を受けずにすむための制度である．
(3) 型式承認を取得した部品でも予備品証明は受ける必要がある．
(4) 国産部品はすべて型式承認を取得しなければならない．

問14 次のうち，国土交通省令で定める安全性の確保のため重要な装備品に該当しないものはどれか．
(1) 発動機架　　　　　　(2) インテグラル式燃料タンク
(3) 滑油冷却器　　　　　(4) 機上発電機
(5) 補助翼

問15 次のうち，国土交通省令で定める安全性の確保のため重要な装備品に該当しないものはどれか．
(1) 滑油ポンプ　　　　　　(2) 真空ポンプ
(3) フラップ　　　　　　　(4) スポイラ

問16 予備品証明の対象となる装備品について，次のうち誤っているものはどれか．
(1) 発動機　　　　　　　　(2) プロペラ
(3) 航空交通管制用自動応答装置
(4) 国土交通省令で定める航空機の安全性の確保のため重要な装備品

問17 航法装置の内で予備品証明対象部品でないものは次のうちどれか．
(1) VOR受信装置　　　　　(2) 機上DME装置
(3) 慣性航法装置　　　　　(4) 方向探知機　　　　　　　　（☆☆☆）

問18 予備品証明の対象品目のうち航法装置に該当しないものはどれか．
(1) GPS受信装置　　　　　(2) マーカー受信装置
(3) 慣性航法装置　　　　　(4) 自動操縦装置　　　　　　　（☆☆）

問19 予備品証明の対象となる装備品について次のうち誤っているものはどれか．
(1) 発動機　　　　　　　　(2) プロペラ
(3) 国土交通省令で定める航空機の安全性の確保のため重要な装備品
(4) 航空機の使用者が規定した交換頻度が高い重要な装備品

問20 予備品証明を受けたものとみなす輸入装備品で次のうち誤っているものはどれか．
(1) 機能試験を実施して合格したもの
(2) ICAO締約国たる外国が証明したもの
(3) 装備品の製造，修理又は改造の能力について認定を受けた者が確認したもの
(4) 装備品基準適合証の発行を受けたもの　　　　　　　　　（☆☆☆☆）

問21 予備品証明を受けたものとみなすことができないものは次のうちどれか
(1) 装備品基準適合証の発行を受けたもの
(2) ICAO締約国の政府が証明したもの
(3) 国土交通大臣が認めた認定事業場で確認されたもの

(4) 航空機に装備されて耐空証明検査に合格したもの　　　　　　　　　（☆☆）

問 22　予備品証明が失効する場合で次のうち誤っているものはどれか．
(1) 大修理を行った場合　　　　(2) 航空機に装備された場合
(3) 有効期限が満了した場合　　(4) 改造を行った場合

問 23　予備品証明がその効力を失う場合について誤っているのは次のうちどれか．
(1) 当該予備品について大修理した場合
(2) 当該予備品を改造（滑空機にあっては小改造を除く）した場合
(3) 当該予備品が航空機に装備されるに至った場合
(4) 当該予備品証明の有効期限を過ぎた場合　　　　　　　　　（☆☆☆☆☆）

第 6 章　航空機の安全性（3）

　本章では航空法の「第 3 章 航空機の安全性」の中の発動機等の整備と航空機の整備と改造，認定事業場について説明します．

6.1　発動機等の整備

　本節では安全性の確保のため重要な装備品を 11 点上げその限界使用時間と整備の方法について説明します．

> （発動機等の整備）
> ・法　第 18 条　耐空証明のある航空機の使用者は，当該航空機に装備する 発動機 ，プロペラ その他国土交通省令で定める安全性の確保のため重要な装備品を国土交通省令で定める時間をこえて使用する場合には，国土交通省令で定める方法によりこれを整備しなければならない．

（発動機等の整備）
・規　第 31 条　法第 18 条の国土交通省令で定める安全性の確保のため重要な装備品とは，滑油ポンプ ，気化器 ，磁石発電機 ，排気タービン ，点火用ディストリビューター ，燃料管制器 ，燃料噴射ポンプ ，発動機駆動式燃料ポンプ 及び プロペラ調速器 をいう．
　　2　法第 18 条の国土交通省令で定める時間は，発動機，プロペラ及び前項の装備品（以下「発動機等」という．）の構造及び性能を考慮して国土交通大臣が **告示**[*] で指定する時間とし，同条の国土交通省令で定める方法は，**オーバーホール** とする．ただし，オーバーホール以外の方法で整備することにより常に良好な状態を確保することができる発動機等について

（*）　官庁から一般の人に決まったことを知らせる文書のことで，官報に記載される．これに対応する告示は「発動機等の**限界使用時間**を指定する告示」である．

は，当該発動機等に係る航空機の使用者の申請を受けて国土交通大臣が当該発動機等の整備の状況，構造及び性能を考慮して別に指定する時間及び方法又は整備規程に定める時間及び方法（当該発動機等の使用者が本邦航空運送事業者であつて，当該本邦航空運送事業者の整備規程に当該時間及び当該方法が定められている場合に限る．）とする．

法第 18 条および**規第 31 条**は，安全性を確保するための**重要な 11 点の装備品名を定め，その使用時間および整備の方法**について規定したものです．

官報で告示されている限界使用時間は，発動機は各型式ごとに 2,000 時間とか 5,000 時間のように時間数で告示されているが，他の 10 点については，種類別に次のように**告示**されています．

(1) 発動機と同じ使用時間でオーバーホールするものは**滑油ポンプ，磁石発電機（マグネト（Magneto）で出題される場合がある），排気タービン，点火用ディストリビューター，発動機駆動式燃料ポンプの 5 点．**
(2) 発動機のオーバーホール時間の 2 倍の使用時間でオーバーホールするものは，**気化器，燃料管制器，燃料噴射ポンプ，プロペラ調整器の 4 点．**
(3) 発動機のオーバーホール時間の 3 倍の使用時間でオーバーホールするものは，**プロペラの 1 点のみ．**

整備の方法はオーバーホールと規定されています．

Key-17 法第 18 条の省令で定める安全性の確保のため重要な装備品 11 点

・その限界使用時間は何で規定されているか．── 告示
・整備の方法 ── オーバーホール

対象装備品	限界使用時間
発動機	各型式ごとに時間数で告示
滑油ポンプ，磁石発電機（マグネト） 排気タービン 点火用ディストリビューター 発電機駆動式燃料ポンプ	発動機と同じ使用時間
気化器，燃料管制器，燃料噴射ポンプ プロペラ調整器	発動機の 2 倍の使用時間
プロペラ	発動機の 3 倍の使用時間

6.2 航空機の整備又は改造

本節では「修理改造検査」に該当しない整備又は改造した後の航空の用に供するための確認について説明します．

> **（航空機の整備又は改造）**
> ・法　第 19 条　航空運送事業の用に供する国土交通省令で定める航空機であつて，耐空証明のあるものの使用者は，当該航空機について**整備**（国土交通省令で定める 軽微な保守を除く ．次項及び次条において同じ．）又は改造をする場合（第 16 条第 1 項の修理又は改造をする場合を除く．）には，第 20 条第 1 項第四号の能力について同項の認定を受けた者が，当該認定に係る整備又は改造をし，かつ，国土交通省令で定めるところにより，当該航空機について**第 10 条第 4 項各号の基準に適合すること**を確認するのでなければ，これを航空の用に供してはならない．
> 　2　**前項の航空機以外の航空機**であつて，耐空証明のあるものの使用者は，当該航空機について整備又は改造をした場合（第 16 条第 1 項の修理又は改造をした場合を除く．）には，当該航空機が**第 10 条第 4 項第一号の基準に適合すること**について確認をし又は確認を受けなければ，これを航空の用に供してはならない．
> 　3　第 11 条第 1 項ただし書きの規程は，前 2 項の場合に準用する．

> ・法　第 19 条の 2　耐空証明のある航空機の使用者は，当該航空機について次条（第 20 条）第 1 項第四号の能力について同項の認定を受けた者が当該認定に係る整備又は改造をした場合（前条第 1 項の規定により次条第 1 項第四号の能力について同項の認定を受けた者が当該認定に係る整備又は改造をしなければならない場合を除く．）であつて，国土交通省令で定めるところにより，その認定を受けた者が当該航空機について第 10 条第 4 項各号の基準に適合することを確認したときは，第 16 条第 1 項又は前条第 2 項の規定にかかわらず，これを航空の用に供することができる．

(法第19条第1項の国土交通省令で定める航空機)
・規　第31条の2　法第19条第1項の国土交通省令で定める航空機は，客席数が30又は最大離陸重量が15,000 kgを超える飛行機及び回転翼航空機とする．

(軽微な保守)
・規　第32条　法第19条第1項の国土交通省令で定める軽微な保守は，第5条の6の表に掲げる作業の区分のうちの 軽微な保守 とする．

(航空機の整備又は改造についての確認)
・規　第32条の2　法第19条第2項の確認は，航空機の整備又は改造の 計画及び過程並びにその作業完了後の現状 について行うものとし， 搭載用航空日誌 (滑空機にあつては， 滑空機用航空日誌)に 署名 又は記名押印することにより行うものとする．

Key-18　法第19条第2項の確認

何について：航空運送事業の用に供する以外の航空機の整備(軽微な保守を除く)又は改造の 計画及び過程並びにその作業完了後の現状

基準：第10条第4項第一号(安全性)の基準

完了時期： 搭載用航空日誌 または 滑空機用航空日誌)に 署名 又は 記名押印 したとき

　法第19条第1項では，航空運送事業の用に供する規第31条の2で定める航空機について規第32条で規定する軽微な保守を除く整備又は改造をする場合には，法第20条で規定された航空機の整備又は改造の能力の認定を受けた事業場で実施し確認を受けなければ航空の用に供してはならないと規定されています．

　また法第19条第2項では，第1項以外の航空機において法第16条第1項の修理又は改造以外の整備又は改造をした場合は法第10条第4項第一号の基準に適合することについて確認をし又は確認を受けなければ，これを航空の用に供してはならないと規定しています．

　法第19条の2では，法第20条で規定された航空機の整備又は改造の能力の認定を受けた事業場が法第10条第4項第一号の基準に適合することについて確認したときは法第16条第1項の修理改造検査または法第19条第2項の規定にて求めら

れている確認を行わずに航空の用に供することができると規定しています．

　規第32条の2では，**法第19条第2項**の確認は，航空機の整備又は改造の**計画及び過程並びにその作業完了後の現状**について行うものとし，**搭載用航空日誌**（滑空機にあつては，**滑空機用航空日誌**）に**署名**又は**記名押印**することにより行うものと規定されています．

6.3　認定事業場

　本節では認定事業場とその業務の範囲と限定，その認定の基準，その有効期間，法第10条第4項の基準に適合することの確認の方法，基準適合証の交付について説明します．

6.3.1　認定事業場とは

> （事業場の認定）
> - **法　第20条**　国土交通大臣は，申請により，次に掲げる一又は二以上の業務の能力が国土交通省令で定める技術上の基準に適合することについて，事業場ごとに認定を行う．
>   - 一　航空機の設計及び設計後の検査の能力
>   - 二　航空機の製造及び完成後の検査の能力
>   - 三　航空機の整備及び整備後の検査の能力
>   - 四　航空機の整備又は改造の能力
>   - 五　装備品の設計及び設計後の検査の能力
>   - 六　装備品の製造及び完成後の検査の能力
>   - 七　装備品の修理又は改造の能力
> - 2　前項の認定を受けた者は，その認定を受けた事業場（以下「認定事業場」という.）ごとに，国土交通省令で定める業務の実施に関する事項について業務規程を定め，国土交通大臣の認可を受けなければならない．これを変更しようとするときも同様とする．
> - 3　国土交通大臣は，前項の業務規程が国土交通省令で定める技術上の基準に適合していると認めるときは，同項の認可をしなければならない．

> 4　第1項の認定及び第2項の認可に関し必要な事項は，国土交通省令で定める．
> 5　国土交通大臣は，第1項の認定を受けた者が認定事業場において第2項の 規定 若しくは前項の国土交通省令の 規定 に 違反したとき ，又は認定事業場における 能力 が第一項の技術上の 基準に適合しなくなつたと認めるとき は，当該認定を受けた者に対し，当該認定事業場における第2項の業務規程の変更その他業務の運営の改善に必要な措置をとるべきことを命じ，6月以内において期間を定めて当該認定事業場における業務の全部若しくは一部の停止を命じ，又は当該認定を取り消すことができる．

　法第20条において航空機および装備品の製造メーカーである**事業場**の能力を活用して，国が行う各種の検査を肩代わりする制度を規定しています．このため国土交通大臣は申請に基づき事業場の能力を検査し合格した場合は認定します．具体的には**法第20条第1項**で下記の7つの能力について認定することにしています．

(1) 航空機の設計及び設計後の検査の能力
(2) 航空機の製造及び完成後の検査の能力
(3) 航空機の整備及び整備後の検査の能力
(4) 航空機の整備又は改造の能力
(5) 装備品の設計及び設計後の検査の能力
(6) 装備品の製造及び完成後の検査の能力
(7) 装備品の修理又は改造の能力

6.3.2　業務の範囲及び限定

（業務の範囲及び限定）
・規　第33条　法第20条第1項の事業場の認定（以下この節において単に「認定」という．）は，次の表の左欄に掲げる業務の能力の区分に応じ，同表の右欄に掲げる業務の範囲の一又は二以上について行う．

6.3 認定事業場

業務の能力の区分	業務の範囲	
一 法第20条第1項第一号から第四号までに掲げる業務の能力	1	最大離陸重量が5,700 kg以下の航空機(回転翼航空機を除く.)に係る業務
	2	最大離陸重量が5,700 kgを超える航空機(回転翼航空機を除く.)に係る業務
	3	回転翼航空機に係る業務
二 法第20条第1項第五号から第七号までに掲げる業務の能力	1	ピストン発動機に係る業務
	2	タービン発動機に係る業務
	3	固定ピッチ・プロペラに係る業務
	4	可変ピッチ・プロペラに係る業務
	5	回転翼に係る業務
	6	トランスミッションに係る業務
	7	機械計器に係る業務
	8	電気計器に係る業務
	9	ジャイロ計器に係る業務
	10	電子計器に係る業務
	11	機械補機に係る業務
	12	電気補機に係る業務
	13	電子補機に係る業務
	14	無線通信機器(電波法の適用を受ける無線局の無線設備を除く.)に係る業務
	15	主要構成部品に係る業務
	16	その他国土交通大臣が告示で指定する装備品に係る業務

2 認定には,次の表の左欄に掲げる区分に応じ,同表の右欄に掲げる限定をすることができるものとする.

認定の区分	限定
一 前項の表第一号に掲げる業務の能力についての認定	航空機の型式についての限定,第5条の6の表に掲げる作業の区分又は作業の内容についての限定,第6条の表に掲げる設計の変更の区分又は設計の変更の内容についての限定その他の限定
二 前項の表第二号に掲げる業務の能力についての認定	装備品の種類及び型式についての限定,第5条の6の表に掲げる作業の区分又は作業の内容についての限定,第6条の表に掲げる設計の変更の区分又は設計の変更の内容についての限定その他の限定

規第33条で認定事業場の業務の範囲及び限定が規定されています.

6.3.3 認定の基準

(認定の基準)
・規　第35条　法第20条第1項の技術上の基準は，次のとおりとする．
　一　次に掲げる 施設 を有すること．
　　イ　認定に係る業務(以下この節において「認定業務」という．)に必要な設備
　　ロ　認定業務に必要な面積並びに温度及び湿度の調整設備，照明設備その他の設備を有する作業場
　　ハ　認定業務に必要な材料，部品，装備品等を適切に保管するための施設
　二　業務を実施する 組織 が認定業務を適切に分担できるものであり，かつ，それぞれの権限及び責任が明確にされたものであること．
　三　前号の各組織ごとに認定業務を適確に実施することができる能力を有する 人員 が適切に配置されていること．
　四　次の表の上(左)欄に掲げる認定業務の区分に応じ，航空法規及び第六号の品質管理制度の運用に関する教育及び訓練を修了した者であつて同表の中欄に掲げる要件を備えるもの又は国土交通大臣がこれと同等以上の能力を有すると認めた者が，同表の下(右)欄に掲げる確認を行う者(以下「 確認主任者 」という．)として選任されていること．

認定業務の区分	確認主任者の要件	確認の区分
法第20条第1項第一号に係る認定業務	学校教育法(昭和22年法律第26号)による大学又は高等専門学校の工学に関する学科において所定の課程を修めて卒業し，左欄に掲げる認定業務について大学卒業者(同法による短期大学の卒業者を除く．以下この表において同じ．)にあつては6年以上，その他の者にあつては8年以上の経験を有し，かつ，構造，電気その他の当該業務を行うのに必要な分野について専門的知識を有すること．	法第13条第4項若しくは法第13条の2第4項の確認又は第39条の4第1項の表第一号の検査の確認
法第20条第1項第二号に係る認定業務	学校教育法による大学又は高等専門学校の航空又は機械に関する学科において所定の課程を修めて卒業し，かつ，左欄に掲げる認定業務について大学卒業者にあつては3年以上，その他の者にあつては5年以上の経験を有すること．	法第10条第6項第一号又は法第17条第3項第二号の確認
法第20条第1項第三号に係る認定業務	左欄に掲げる認定業務に対応した一等航空整備士，二等航空整備士又は航空工場整備士の資格の技能証明を有し，かつ，当該認定業務について3年以上の経験を有すること．	法第10条第6項第三号の確認

認定業務の区分	確認主任者の要件	確認の区分
法第20条第1項第四号に係る認定業務	左欄に掲げる認定業務に対応した一等航空整備士，二等航空整備士，一等航空運航整備士，二等航空運航整備士又は航空工場整備士の資格の技能証明を有し，かつ，当該認定業務について3年以上の経験を有すること．ただし，改造をした航空機については，一等航空整備士又は二等航空整備士の資格の技能証明を有し，当該改造に係る型式の航空機の改造に関する教育及び訓練を終了し，かつ，当該改造に係る型式の航空機の改造について3年以上の経験を有することをもつて足りる．	法第19条第1項又は法第19条の2の確認
法第20条第1項第五号に係る認定業務	学校教育法による大学又は高等専門学校の工学に関する学科において所定の課程を修めて卒業し，左欄に掲げる認定業務について大学卒業者にあつては6年以上，その他の者にあつては8年以上の経験を有し，かつ，構造，電気その他の当該業務を行うのに必要な分野について専門的知識を有すること．	第14条の2第6項の確認又は第39条の4第1項の表第二号の検査の確認
法第20条第1項第六号に係る認定業務	学校教育法による大学又は高等専門学校の工学に関する学科において所定の課程を修めて卒業し，かつ，左欄に掲げる認定業務について大学卒業者にあつては3年以上，その他の者にあつては5年以上の経験を有すること．	法第17条第3項第一号の確認
法第20条第1項第七号に係る認定業務	1又は2に掲げる要件を備えること． 1　左欄に掲げる認定業務に対応した航空工場整備士の資格の技能証明を有し，かつ，当該認定業務について3年以上の経験を有すること． 2　学校教育法による大学又は高等専門学校の工学に関する学科において所定の課程を修めて卒業し，かつ，左欄に掲げる認定業務について大学卒業者にあつては3年以上，その他の者にあつては5年以上の経験を有すること．	法第17条第3項第三号の確認

　五　作業の実施方法(次号の品質管理制度に係るものを除く．)が認定業務の適確な実施のために適切なものであること(法第20条第1項第三号に係る認定業務の作業の実施方法にあつては，航空機の構造並びに装備品及び系統の状態の点検の結果，当該航空機について必要な整備を行うこととするものであり，かつ，認定業務の適確な実施のために適切なものであること．)．

　六　次の制度を含む品質管理制度が認定業務の適確な実施のために適切なものであること．

　　イ　第一号の施設の維持管理に関する制度

ロ　第三号の人員の教育及び訓練に関する制度
ハ　前号の作業の実施方法の改訂に関する制度
ニ　技術資料の入手，管理及び運用に関する制度
ホ　材料，部品，装備品等の管理に関する制度
ヘ　材料，部品，装備品等の領収検査並びに航空機又は装備品の受領検査，中間検査及び完成検査に関する制度
ト　工程管理に関する制度
チ　業務を委託する場合における受託者による当該業務の遂行の管理に関する制度
リ　業務の記録の管理に関する制度
ヌ　業務の実施組織から独立した組織が行う監査に関する制度
ル　法第20条第1項第一号 又は第五号 に係る認定業務にあつては，設計書その他設計に関する書類（以下この節において「設計書類」という.）の管理及び当該書類の検査に関する制度
ヲ　法第20条第1項第一号 又は第五号 に係る認定業務にあつては，供試体の管理及びその品質の維持を図るため行う検査に関する制度

七　次の表の左欄に掲げる認定業務にあつては，同表の中欄に掲げる|検査が同表の右欄に掲げる方法により実施|されること．

認定業務の区分	検査の区分	検査の実施方法
法第20条第1項第一号に係る認定業務	法第10条第5項第四号，法第13条第4項，法第13条の2第4項，第18条第2項第二号（第21条において準用する場合を含む.），第23条の2第2項第二号（第23条の5において準用する場合を含む.）又は第26条第2項の設計後の検査	設計書類の審査，地上試験，飛行試験その他の方法
法第20条第1項第二号に係る認定業務	法第10条第6項第一号の完成後の検査	地上試験及び飛行試験
法第20条第1項第三号に係る認定業務	法第10条第6項第三号の整備後の検査	
法第20条第1項第五号に係る認定業務	法第10条第5項第五号，第14条の2第6項又は第29条第2項の設計後の検査	設計書類の審査，機能試験その他の方法
法第20条第1項第六号に係る認定業務	法第17条第3項第一号の完成後の検査	機能試験その他の方法

八　事業場の運営に責任を有する者の権限及び責任において，次に掲げる事項が 文書により適切に定められており，及び当該文書に記載されたとろに従い認定業務が実施されるもの であること．
　　イ　航空機又は装備品の安全性を確保するための業務の運営の方針に関する事項
　　ロ　航空機又は装備品の安全性を確保するための業務の実施及びその管理の体制に関する事項
　　ハ　航空機又は装備品の安全性を確保するための業務の実施及びその管理の方法に関する事項

規第 35 条で法第 20 条第 1 項の技術上の下記の基準について規定されています．

(1) 施設
(2) 認定業務を適切に分担できる組織の権限及び責任
(3) 組織の人員
(4) 確認主任者の要件
(5) 作業の実施方法
(6) 品質管理制度
(7) 検査の区分とその実施方法
(8) 業務の運営方針および業務の実施及びその管理の体制，管理の方法を記載した文章が定められ，それに従って認定業務が実施されるべきこと

6.3.4　認定の有効期間

（認定の有効期間）
・規　第 37 条　認定の有効期間は， 2 年 とする．

```
┌─────────────────────────────────────────────────────────┐
│  Key-19  認定事業場                                       │
│                                                         │
│  ・能力の種類 ── 7 種類                                  │
│    (1) 航空機 の 設計及び設計後の検査 の能力              │
│    (2) 航空機 の 製造及び完成後の検査 の能力              │
│    (3) 航空機 の 整備及び整備後の検査 の能力     同じ    │
│    (4) 航空機 の 整備又は改造 の能力 ◄─────┘            │
│                                                         │
│    (5) 装備品 の 設計及び設計後の検査 の能力              │
│    (6) 装備品 の 製造及び完成後の検査 の能力    同様    │
│    (7) 装備品 の 修理又は改造 の能力 ◄─────┘           │
│                                                         │
│  ・認定の有効期間：2 年 ── 規第 37 条の規定により        │
│  ・認定の停止および取り消しの理由-規定に違反，基準に適合しなくなった│
│    とき                                                 │
└─────────────────────────────────────────────────────────┘
```

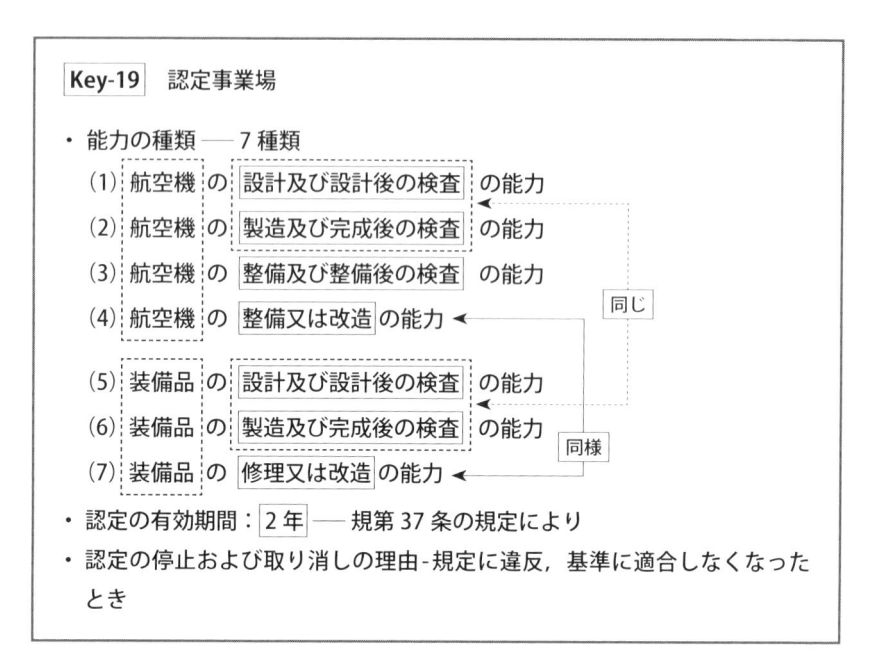

6.3.5　法第 10 条第 4 項の基準に適合することの確認の方法

（法第 10 条第 4 項の基準に適合することの確認等の方法）
- 規　第 40 条　法第 10 条第 4 項の基準に適合することの確認は，次の表の左欄に掲げる区分に応じ，それぞれ同表の中欄に掲げる事項について 確認主任者 （同表第三号及び第四号の場合にあつては，当該確認に係る設計を担当した者を除く．）に行わせるものとし，当該確認主任者の確認は，同表の右欄に掲げる 基準適合証 又は 航空日誌 に 署名又は記名押印 することにより行うものとする．

確認の区分	事項	基準適合証又は航空日誌
一　法第 10 条第 6 項第一号の確認	航空機の製造過程及び完成後の現状について，当該航空機が法第 10 条第 4 項の基準に適合すること．	次条第 1 項の 航空機基準適合証 及び搭載用航空日誌（滑空機にあつては，滑空機用航空日誌）
二　法第 10 条第 6 項第三号の確認	航空機の整備過程及び整備後の現状について，当該航空機が法第 10 条第 4 項の基準に適合すること．	

確認の区分	事項	基準適合証又は航空日誌
三 法第13条第4項の確認	型式証明を受けた型式の航空機の設計の変更について，当該設計の変更後の航空機が法第10条第4項の基準に適合すること．	次条第1項の 設計基準適合証
四 法第13条の2第4項の確認	追加型式設計の承認を受けた航空機の設計の変更について，当該設計の変更後の航空機が法第10条第4項の基準に適合すること．	
五 法第17条第3項第一号の確認	装備品の製造過程及び完成後の現状について，当該装備品が法第10条第4項第一号の基準に適合すること．	次条第1項の 装備品基準適合証
六 法第17条第3項第二号の確認	装備品の製造過程（装備品を製造する場合に限る．）及び完成後の現状について，当該装備品が法第10条第4項第一号の基準に適合すること．	
七 法第17条第3項第三号の確認	装備品の修理又は改造の計画及び過程並びにその作業完了後の現状について，当該装備品が法第10条第4項第一号の基準に適合すること．	
八 法第19条第1項又は法第19条の2の確認	航空機の整備又は改造の計画及び過程並びにその作業完了後の現状について，次のイからハまでに掲げる航空機がそれぞれ当該イからハまでに定める基準に適合すること． イ　整備又は改造をした航空機（ロ及びハに掲げるものを除く．）　法第10条第4項第一号の基準 ロ　第24条の表第二号の右欄ロに掲げる修理又は改造をした航空機　法第10条第4項第一号及び第二号の基準 ハ　第24条の表第二号の右欄ハに掲げる修理又は改造をした航空機　法第10条第4項第一号及び第三号の基準	搭載用航空日誌（滑空機にあつては，滑空機用航空日誌）

 2 第14条の2第6項の確認は，第14条第1項の承認を受けた型式又は仕様の装備品又は部品の設計の変更について，当該設計の変更後の装備品又は部品が当該承認を受けた型式又は仕様に適合することについて確認主任者（当該確認に係る設計を担当した者を除く．）に行わせるものとし，当該確認主任者の確認は，次条（第41条）第2項の設計基準適合証に署名又は記名押印することにより行うものとする．

　規第40条で，認定事業場における法第10条第4項の基準に適合することの確認の方法を規定しています．　規第35条第4号に規定されている確認主任者に行わせ，確認が済んだ場合は基準適合証または航空日誌に署名または記名押印することが定められています．

> **Key-20** 装備品基準適合証は予備品証明と同じ効力有り
>
> 法第 17 条と規第 40 条から装備品基準適合証のある装備品は予備品証明と同じ効力があり，大修理 であっても修理改造検査に該当しないので所定の有資格整備士の確認で航空の用に供せられる．

6.3.6 基準適合証の交付

（基準適合証の交付）

- 規 第 41 条　認定を受けた者は，次の表の左欄に掲げる法第 10 条第 4 項の基準に適合することの確認をしたときは，同表の中欄に掲げる 基準適合証 を，同表の下右欄に掲げる者に交付するものとする．

確認の区分	基準適合証の区分	交付を受ける者
前条（第 40 条，以下同じ）第 1 項の表第一号及び第二号に掲げる確認	航空機基準適合証 (第十七号様式)	当該航空機の使用者
前条第 1 項の表第三号に掲げる確認	設計基準適合証 (第十七号の二様式)	型式証明を受けた者
前条第 1 項の表第四号に掲げる確認		追加型式設計の承認を受けた者
前条第 1 項の表第五号から第七号までに掲げる確認	装備品基準適合証 (第十八号様式)	当該装備品の使用者

　2　認定を受けた者は，前条第 2 項に掲げる第 14 条第 1 項の承認を受けた型式又は仕様に適合することの確認をしたときは， 設計基準適合証 を，当該承認を受けた者に交付するものとする．

　規第 41 条では認定を受けた者は，法第 10 条第 4 項の基準に適合することの確認をしたときは，**基準適合証**を交付すると規定しています．

演習問題

問1 法第18条の限界使用時間の適用を受ける重要な装備品に該当するものは次のうちどれか．
(1)起動機　(2)滑油冷却器　(3)機上発電機　(4)磁石発電機　　　(☆☆☆☆☆)

問2 法第18条の限界使用時間の適用を受ける重要な装備品に該当するものは次のうちどれか．
(1)機上発電機，気化器　　　(2)磁石発電機，ジャイロ計器
(3)排気タービン，プロペラ調速器　(4)高圧油ポンプ，滑油ポンプ

問3 法第18条の限界使用時間の適用を受ける重要な装備品に該当するものは次のうちどれか．
(1)滑油ポンプ，燃料噴射ポンプ　(2)発動機，ジャイロ計器
(3)排気タービン，高圧油ポンプ　(3)磁石発電機，起動機　　　(☆☆)

問4 法第18条の省令で定める安全性確保のための重要な装備品に該当しないものは次のうちどれか．
(1)滑油ポンプ　　　　　　(2)プロペラ調速器
(3)機上発電機　　　　　　(4)燃料管制器　　　　　　(☆☆☆)

問5 法第18条(発動機等の整備)で限界使用時間を定めている重要な装備品に該当しないものは次のうちどれか．
(1)排気タービン　　　　　(2)起動機　　　　　　　(☆☆☆☆☆)
(3)燃料管制器　　　　　　(4)点火用ディストリビューター

問6 法第18条により国土交通省令で定める安全性の確保のために重要な装備品に該当しないものは次のうちどれか．
(1)燃料噴射ポンプ　　　　(2)スタータ
(3)気化器　　　　　　　　(4)マグネト　　　　　　(☆☆☆)

問7 法第18条(発動機等の整備)で限界使用時間を定めている重要な装備品に該当するものは次のうちどれか．
(1)機上発電機，気化器　　　(2)磁石発電機，ジャイロ計器
(3)排気タービン，プロペラ調速器　(4)高圧油ポンプ，滑油ポンプ　(☆☆☆)

問8 法第18条の省令で定める安全確保のための重要な装備品について限界使用時間を指定しているものは次のうちどれか.
(1) 航空局サーキュラー　　　　(2) 告示
(3) 航空法施行規則　　　　　　(4) 航空法施行令　　　　　　　　　　(☆☆☆)

問9 法第18条の省令で定める安全確保のための重要な装備品について限界使用時間を指定しているものは次のうちどれか.
(1) 航空法施行令　　　　　　　(2) 航空法施行規則別表
(3) 航空法施行規則附属書　　　(4) 告示

問10 航空法第19条第2項でいう確認とは,整備又は改造をした航空機が何に対して適合することを求めているか. 次の中から正しいものを選べ.
(1) 国土交通省令で定める安全性を確保するための強度,構造及び性能についての基準
(2) 当該航空機の使用者が制定した整備基準
(3) 当該航空機の所有者が制定した整備基準
(4) 当該航空機の製造者が制定した整備基準　　　　　　　　　　　　(☆☆)

問11 航空法第19条第2項の確認は,航空機の整備又は改造の何について行うとされているか. 次の中から正しいものを選べ.　　　　　　　　　(☆☆☆☆☆)
(1) 作業完了後の現状　　　　　(2) 過程及び作業完了後の現状
(3) 計画及び作業完了後の現状　(4) 計画及び過程並びに作業完了後の現状

問12 航空法第19条第2項の確認の内容について次のうち正しいものはどれか.
(1) 航空機の整備又は改造の作業完了後の現状
(2) 航空機の整備又は改造の計画及びその作業完了後の現状
(3) 航空機の整備又は改造の過程及びその作業完了後の現状
(4) 航空機の整備又は改造の計画及び過程並びにその作業完了後の現状　(☆☆)

問13 航空整備士の航空業務で「確認」の行為が完了する時期として次のうち正しいものはどれか.
(1) 計画から一連の作業完了に伴う現状について検査を終了したとき
(2) 滑空機にあっては地上備え付け滑空機用航空日誌に署名または記名押印したとき

(3) 回転翼航空機にあっては搭載用航空日誌に署名または記名押印したとき
(4) 計画から一連の作業完了に伴う現状について検査を終了し所有者の了承を得たとき
　　　　　　　　　　　　　　　　　　　　　　　　　　　　　　　　　　(☆☆)

問14　航空機の認定事業場の種類として次のうち誤っているものはどれか．
(1) 航空機の設計及び設計後の検査の能力
(2) 航空機の製造及び完成後の検査の能力
(3) 航空機の修理及び修理後の検査の能力
(4) 航空機の整備又は改造の能力

問15　航空機の認定事業場の種類として次のうち誤っているものはどれか．
(1) 航空機の設計及び設計後の検査の能力
(2) 航空機の製造及び完成後の検査の能力
(3) 航空機の整備及び整備後の検査の能力
(4) 航空機の製造及び改造後の検査の能力　　　　　　　　　　　　　(☆☆)

問16　航空機の認定事業場の種類として次のうち誤っているものはどれか．
(1) 航空機の設計及び設計後の検査の能力
(2) 航空機の製造及び完成後の検査の能力
(3) 航空機の設計及び製造後の検査の能力
(4) 航空機の整備及び改造の能力

問17　事業場の認定に必要な業務の能力の一つとして次のうち正しいものはどれか．
(1) 航空機の設計及び製造の能力　　　(2) 航空機の整備又は改造の能力
(3) 装備品の整備及び整備後の検査の能力
(4) 装備品の製造及び改造後の検査の能力

問18　認定事業場の種類（業務の能力）の数で次のうち正しいものはどれか．
(1) 5　　(2) 7　　(3) 9　　(4) 11　　　　　　　　　　　　　　　(☆☆)

問19　認定事業場の業務が停止される場合で次のうち誤っているものはどれか．
(1) 技術上の基準に適合しなくなったとき
(2) 業務規程によらないで認定業務を行ったとき
(3) 耐空証明検査において不合格となったとき
(4) 省令の規定に違反したとき

問20 事業場の認定の有効期間で次のうち正しいものはどれか．
(1) 1年　(2) 2年　(3) 無期限　(4) 業務規程の適用を受ける期間　　　　(☆☆)

問21 装備品基準適合証を有する装備品を使用する揚合の処置で正しいのはどれか．
(1) 当該修理に対しては当該装備品の予備品証明を取得して使用しなければならない．
(2) 当該修理に対しては有資格整備士の確認を受ける．
(3) 当該修理に対しては修理改造検査を受けなければならない．
(4) 当該修理に対しては耐空検査を受けなければならない．

問22 装備品基準適合証を有する装備品を使用して修理を行う場合の処置で次のうち正しいものはどれか．
(1) 当該装備品の予備品証明を取得しなければならない．
(2) 所定の資格を有する整備士の確認を受けなければならない．
(3) 当該修理に対しては修理改造検査を受けなければならない．
(4) 当該修理に対しては耐空検査を受けなければならない．　　　　(☆☆☆☆)

問23 装備品基準適合証を有する装備品を使用して修理を行う場合の処置として次のうち正しいものはどれか．
(1) 当該装備品の予備品証明を取得して使用しなければならない．
(2) 所定の資格を有する整備士の確認を受けなければならない．
(3) 修理改造検査を受ける以外航空の用に供する方法はない．
(4) 耐空検査を受ける以外航空の用に供する方法はない．

第 7 章 航空従事者

本章では航空法の「第 4 章 航空従事者」について説明します．

7.1 航空従事者技能証明

本節では航空従事者技能証明について説明します．

> （航空従事者技能証明）
> ・法 第 22 条 国土交通大臣は，申請により，航空業務を行おうとする者について，航空従事者 技能証明 (以下「技能証明」という．) を行う．

> （資格）
> ・法 第 24 条 技能証明は，次に掲げる資格別に行う．定期運送用操縦士，事業用操縦士，自家用操縦士，一等航空士，二等航空士，航空機関士，航空通信士，一等航空整備士，二等航空整備士，一等航空運航整備士，二等航空運航整備士，航空工場整備士．

航空従事者とは，法第 2 条 3 項の「航空業務」に従事するために国土交通大臣が行う国家試験に合格して，航空従事者技能証明書の交付を受けた者の総称です．

7.2 技能証明の限定

本節では技能証明の資格の業務範囲を越えないように決める限定について説明します．

（技能証明の限定）
・法　第 25 条　国土交通大臣は，前条の定期運送用操縦士，事業用操縦士，自家用操縦士，航空機関士，一等航空整備士，二等航空整備士，一等航空運航整備士又は二等運航航空整備士の資格についての技能証明につき，国土交通省令で定めるところにより，航空機の種類についての限定をするものとする．
　2　国土交通大臣は，前項の技能証明につき，国土交通省令で定めるところにより，航空機の等級又は型式についての限定をすることができる．
　3　国土交通大臣は，前条の**航空工場整備士**の資格についての技能証明につき国土交通省令で定めるところにより，従事することができる業務の種類についての限定をすることができる．

（技能証明の限定）
・規　第 53 条　法第 25 条第 1 項の航空機の種類についての限定及び同条第 2 項の航空機の等級についての限定は，**実地試験に使用される航空機により行う**．この場合において，航空機の等級は，次の表の左欄に掲げる航空機の種類に応じ，それぞれ同表右欄に掲げる等級とする．

飛行機の種類	航空機の等級
飛行機	陸上単発ピストン機 陸上単発タービン機 陸上多発ピストン機 陸上多発タービン機 水上単発ピストン機 水上単発タービン機 水上多発ピストン機 水上多発タービン機
回転翼航空機	飛行機の項の等級に同じ
滑空機	曳航装置なし動力滑空機 曳航装置付き動力滑空機 上級滑空機 中級滑空機
飛行船	飛行機の項の等級に同じ

(第2項省略)

3 　第1項の場合において，一等航空整備士，二等航空整備士，一等航空運航整備士及び二等航空運航整備士の資格についての技能証明については，実地試験に使用される航空機の等級が次の表の左欄に掲げる等級であるときは，限定をする航空機の等級を同表の右欄に掲げる航空機の等級とする．

実地試験に使用される航空機の等級	限定をする航空機の等級
陸上単発ピストン機， 陸上多発ピストン機， 水上単発ピストン機又は 水上多発ピストン機	陸上単発ピストン機， 陸上多発ピストン機， 水上単発ピストン機及び 水上多発ピストン機
陸上単発タービン機， 陸上多発タービン機， 水上単発タービン機又は 水上多発タービン機	陸上単発タービン機， 陸上多発タービン機， 水上単発タービン機及び 水上多発タービン機
曳航装置なし動力滑空機 又は 曳航装置付き動力滑空機	曳航装置なし動力滑空機 曳航装置付き動力滑空機 上級滑空機及び中級滑空機
上級滑空機	上級滑空機及び中級滑空機

・規　第54条　法第25条第2項の航空機の 型式 についての 限定 は，実地試験に使用される航空機により，次に掲げる区分により行う．（第一号及び第二号は省略）
　　三　一等航空整備士及び一等航空運航整備士の資格にあつては，次に掲げる型式
　　　イ　第56条の2に規定する航空機については，当該航空機の型式
　　　ロ　国土交通大臣が指定する型式の航空機については，当該航空機の型式
　　四　二等航空整備士及び二等航空運航整備士にあつては，国土交通大臣が指定する型式の航空機については当該航空機の型式
・規　第55条　法第25条第3項の 業務の種類 についての 限定 は，試験に係る業務の種類により，機体構造関係，機体装備品関係，ピストン発動機関係，タービン発動機関係，プロペラ関係，計器関係，電子装備品関係，電気装備品関係又は無線通信機器関係の別に行う．

法第25条および規第53条，規第54条，規第55条に使われている限定とは資

格の業務範囲を越さないように決めるという意味です.

航空工場整備士を除く航空従事者の資格についての技能証明は**航空機の種類, 航空機の等級**及び**型式**について**限定**されます.

航空整備士に係る資格についての**等級の限定**について**規第53条**で飛行機および回転翼航空機,飛行船についての等級は,陸上,水上,単発,多発,ピストン機,タービン機の区分の組み合わせにより定められています.限定の方法は,**実地試験に使用する航空機がピストン機かタービン機**によって限定されます.

例えば,実地試験に使用する航空機がピストン機の場合は,全ての陸上単発,陸上多発,水上単発,水上多発のピストン機に限定されます.また実地試験に使用する航空機がタービン機の場合は,全ての陸上単発,陸上多発,水上単発,水上多発のタービン機に限定されます.

規第54条で**型式**の限定については実地試験に使用される航空機により当該型式の限定が行われると規定されています.

規第55条で**航空工場整備士**については9つの**業務の種類**について限定されます.

Key-21 技能証明の限定

(1) 航空機の 種類 —— 飛行機,回転翼航空機,滑空機,飛行船（ Key-2 の航空機の定義と同じ） 航空機の種類は 限定 をするものとする.

(2) 航空機の 等級 —— 滑空機を除くと下記の組み合わせの8等級

　　陸上　単発　ピストン機
　　水上　多発　タービン機

　　実地試験に使用した航空機が ピストン機 か タービン機 で技能証明の等級が付与される.

　　ピストン機 であれば上記組み合わせの4つの ピストン機 の等級に限定
　　タービン機 であれば上記組み合わせの4つの タービン機 の等級に限定

(3) 航空機の 型式 —— B747, A320 等

(4) 業務の種類 —— 航空工場整備士の場合

　　● 航空機の等級又は型式及び業務の種類は 限定 をすることができる.

7.3 技能証明の要件および欠格事由等

本節では技能証明を得るための必要な条件である要件と技能証明の申請ができない理由すなわち欠格事由について説明します．

> （技能証明の要件）
> ・法 第26条　技能証明は，第24条に掲げる資格別及び前条（第25条）第1項の規定による 航空機の種類別 に国土交通省令で定める 年齢 及び 飛行経歴その他の経歴 を有する者でなければ，受けることができない．（第2項は省略）

> （技能証明の要件）
> ・規 第43条　技能証明又は法 第34条第1項の計器飛行証明若しくは同条第2項の操縦教育証明は，自家用操縦士，二等航空士及び航空通信士の資格に係るものにあつては17歳（自家用操縦士のうち滑空機に係るものにあつては16歳），事業用操縦士，一等航空士，航空機関士，**一等航空運航整備士，二等航空運航整備士及び航空工場整備士**の資格に係るものにあつては 18歳 ，二等航空整備士の資格に係るものにあつては 19歳 ，一等航空整備士の資格に係るものにあつては 20歳 並びに定期運送用操縦士の資格に係るものにあつては21歳以上の者であつて，**別表第2**に掲げる 飛行経歴その他の経歴を有する者 でなければ受けることができない．（第2項は省略）

技能証明の要件である**飛行経歴その他の経歴**は航空法施行規則の**別表第2**（199ページ参照）**に示されています**．また**別表第3**（200ページ参照）には**学科試験および実地試験の科目**が記載されています．

> (欠格事由等)
> ・法　第27条　第30条の規定により技能証明の取消を受け，その取消の日から 2年 を経過しない者は，技能証明の申請をすることができない．
> 　2　国土交通大臣は，第29条第1項の試験に関し，**不正の行為があつた者について**， 2年以内 の期間に限り技能証明の申請を受理しないことができる．
> 　　　　　　　　　　　「第2項」が 出題

7.4 航空整備士の業務範囲

本節では航空整備士の業務の範囲を説明します．航空整備士の業務範囲は，**法別表（法第28条関係）**に次のように定められています．

資格	業務範囲
一等航空整備士	整備をした航空機について第19条第2項に規定する確認の行為を行うこと．
二等航空整備士	整備をした航空機（整備に 高度の知識 及び 能力 を要する国土交通省で定める用途のものを除く）について第19条第2項に規定する確認の行為を行うこと．
一等航空運航整備士	整備（保守 及び国土交通省令で定める 軽微な修理 に限る）をした航空機について第19条第2項に規定する確認の行為を行うこと．
二等航空運航整備士	整備（保守 及び国土交通省令で定める 軽微な修理 に限る）をした航空機（整備に 高度な知識 及び 能力 を要する国土交通省令で定める用途のものを除く）について第19条第2項に規定する確認の行為を行うこと
航空工場整備士	整備又は改造をした航空機について第19条第2項に規定する確認の行為を行うこと

> **（二等航空整備士及び二等航空運航整備士が整備後の確認をすることができない用途の航空機）**
> ・規　第56条の2　法別表　二等航空整備士の項及び二等航空運航整備士の項の国土交通省令で定める用途の航空機は，附属書第1に規定する耐空類別が飛行機愉送C，飛行機輸送T，回転翼航空機輸送TA級及び回転翼航空機輸送TB級である航空機とする．

準Key-3　二等航空整備士および二等航空運航整備士の業務の範囲

- 整備に 高度な知識 及び 能力 を要する国土交通省令で定める用途のものを除くとは，耐空類別で 航空運送事業の用に適する航空機 （飛行機　輸送C，Tおよび回転翼航空機　輸送TA級，TB級）の法第19条の第2項の確認はできないということです．これらの航空機は一等航空整備士または一等航空運航整備士の業務範囲

Key-22　資格別の要件（下表の　　　が要件である．）等の規定箇所

	航空法	施行規則
別表	・資格ごとの業務範囲	・要件としての 飛行経歴その他の経歴 （別表第2） ・学科及び実地試験の科目（別表第3）
条文	航空機の種類別 （法第26条）	年齢 （規第43条）

- 国籍 および 学歴 は資格の 要件 ではない．従って，外国人でも技能証明の資格がとれる．

7.5　試験の実施および申請

　本節では技能証明の試験の実施および申請に係わる細部要領について説明します．

(試験の実施)
- 法　第29条

　　　　国土交通大臣は，技能証明を行う場合には，申請者が，その申請に係る資格の技能証明を有する航空従事者として航空業務に従事するのに必要な知識及び能力を有するかどうかを判定するために，試験を行わなければならない．

2 　試験は，学科試験及び実地試験とする．
3 　**学科試験に合格した者でなければ，実地試験を受けることができない．**
4 　国土交通大臣は，外国政府の授与した航空業務の技能に係る資格証書を有する者について技能証明を行う場合には，前三項の規定にかかわらず，国土交通省令で定めるところにより，試験の全部又は一部を行わないことができる．独立行政法人航空大学校又は国土交通大臣が申請により指定した航空従事者の養成施設の課程を修了した者についても，同様とする．
5 　前項の指定の申請の手続，指定の基準その他の指定に関する実施細目は，国土交通省令で定める．
6 　国土交通大臣は，第4項の指定を受けた者が前項の国土交通省令の規定に違反したときは，当該指定を受けた者に対し，当該指定に係る業務の運営の改善に必要な措置をとるべきことを命じ，6月以内において期間を定めて当該指定に係る業務の全部若しくは一部の停止を命じ，又は当該指定を取り消すことができる．

（試験の科目等）
・規　第46条　法第29条第1項（法第29条の2第2項，法第33条第3項又は法第34条第3項において準用する場合を含む．）の試験は，別表第3に掲げる科目について行う．ただし，実地試験の科目のうち，実地試験に使用する航空機の強度，構造及び性能上実施する必要がないと国土交通大臣が認めたものについては，これを行わない．

試験科目は別表第3（200～210ページ参照）に規定されています．

準Key-4　別表第3の内容で学科試験に出題されたのは次の2点

(1)「整備の基本技術」は 全ての資格の実地試験の科目
(2) 航空整備士には有るが航空運航整備士に無い実地試験の科目は「動力装置の操作」

（技能証明の申請）

- 規 **第 42 条** 法第 22 条の技能証明を申請しようとする者（第 57 条の規定により申請する者を除く．第 3 項において「技能証明申請者」という．）は，技能証明申請書（第 19 号様式（全部の科目に係る学科試験の免除を受けようとする者（以下「学科試験全科目免除申請者」という．）にあつては，第 19 号の二様式））を国土交通大臣に提出しなければならない．

2 　前項の申請書には，写真（申請前 6 月以内に，脱帽，上半身を写した台紙にはらないもの（縦 3 cm，横 2.5 cm）で，裏面に氏名を記載したもの．以下同じ．）一葉を添付し，及び必要に応じ第一号若しくは第二号に掲げる書類を添付し，又は第三号に掲げる書類を提示し，かつ，その写しを添付しなければならない．

一　第 48 条又は第 48 条の 2 の規定により全部又は一部の科目に係る学科試験の免除を受けようとする者にあつては，第 47 条の文書の写し

二　第 49 条の規定により全部又は一部の科目に係る試験の免除を受けようとする者にあつては，技能証明書の写し

三　国際民間航空条約の締約国たる外国の政府が授与した航空業務の技能に係る資格証書を有する者で，試験の免除を受けようとするものにあつては，当該証書

3 　技能証明申請者（学科試験全科目免除申請者を除く．）であつて，学科試験に合格したものは，実地試験を受けようとするとき（全部又は一部の科目に係る実地試験の免除を受けようとするときを含む．）は，実地試験申請書（第 19 号の 2 様式）に，写真一葉及び第 47 条の文書の写し（学科試験の合格に係るものに限る．）を添付するとともに，必要に応じ第一号に掲げる書類を添付し，又は第二号に掲げる書類を提示し，かつ，その写しを添付し，国土交通大臣に提出しなければならない．

一　第 49 条の規定により全部又は一部の科目に係る実地試験の免除を受けようとする者にあつては，技能証明書の写し

二　国際民間航空条約の締約国たる外国の政府が授与した航空業務の技能に係る資格証書を有する者で，実地試験の免除を受けようとするものにあつては，当該証書

4 　第一項の規定により技能証明を申請する者は，**当該申請に係る学科試験の合格について第 47 条の通知があつた日**（学科試験全科目免除申請者に

あつては，技能証明申請書提出の日）から 2 年以内 に戸籍抄本若しくは戸籍記載事項証明書又は本籍の記載のある住民票の写し（外国人にあつては，国籍，氏名，出生の年月日及び性別を証する本国領事官の証明書（本国領事官の証明書を提出できない者にあつては，権限ある機関が発行するこれらの事項を証明する書類．以下同じ．）及び **別表第 2** に掲げる 飛行経歴その他の経歴 を有することを証明する書類を国土交通大臣に **提出しなければならない．**（第 5 項省略）

表 7.1 に別表第 2（199 ページ参照）に掲げる **飛行経歴その他の経歴** を簡略にして示します．

表 7.1　飛行経歴その他の経歴

資格	技能証明を受けよとする種類の航空機の整備の経験	航空機の整備の経験
一等航空整備士	6 月以上（6 月以上）	4 年以上（2 年以上）
二等航空整備士		3 年以上（1 年以上）
一等航空運航整備士		2 年以上（1 年以上）
二等航空運航整備士		2 年以上（1 年以上）

「一等航空整備士の飛行経歴」について 出題

航空工場整備士	業務の種類について 2 年以上（1 年以上）の整備と改造の経験

注：（　　）は国土交通大臣が指定する整備に係る訓練課程を修了した場合を示す．

（試験の免除）
- 規　第 48 条　**学科試験に合格した者** が，当該合格に係る資絡と同じ資格の技能証明を同じ種類の航空機（航空工場整備士の資格にあっては，同じ種類の業務）について申請する場合又は法 33 条第 1 項の航空英語能力証明，計器飛行証明若しくは操縦教育証明を申請する場合，申請により，**当該合格に係る前条（合格）の通知があつた日から** 2 年以内 **に行われる学科試験を免除する．**

・規　第48条の2　学科試験の全部の科目について試験を受け，その一部の科目について合格点を得たものが，当該学科試験に係る資格と同じ資格についての技能証明を申請する場合には，申請により，**当該学科試験に係る第47条の通知をした日から** 1年以内 **に行われる学科試験に限り**，当該全部の科目に係る学科試験及び当該全部の科目に係る学科試験の後当該申請に係る学科試験までの間に行われた学科試験において**合格を得た科目に係る学科試験を免除する**.

試験の免除期間等は条文を読んでもわかり難いのでに Key-23 で図解しました．

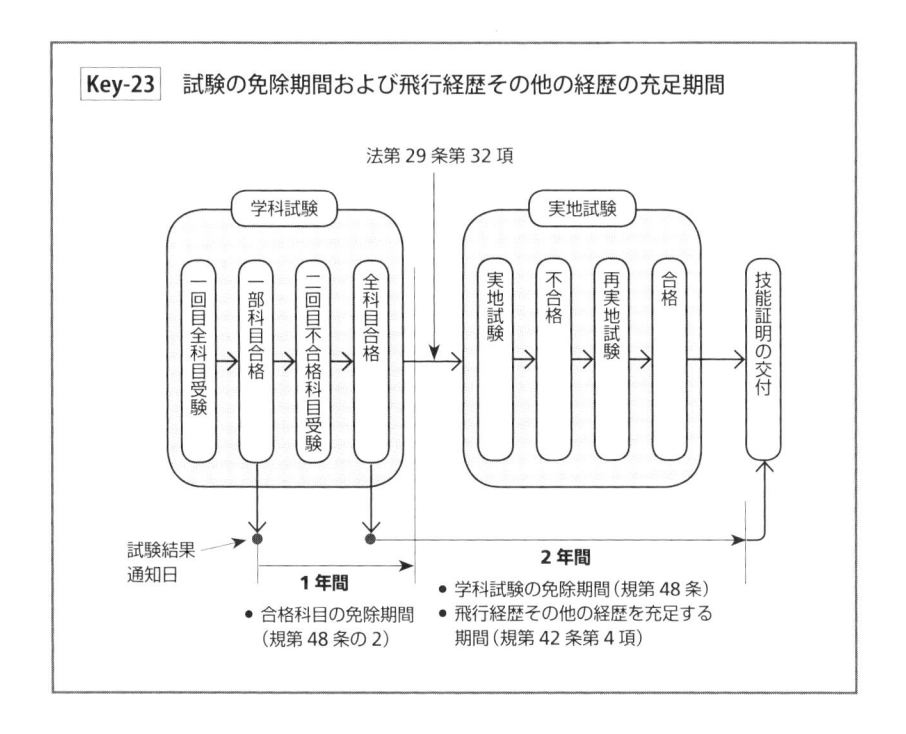

Key-23　試験の免除期間および飛行経歴その他の経歴の充足期間

- 1年間
  - 合格科目の免除期間（規第48条の2）
- 2年間
  - 学科試験の免除期間（規第48条）
  - 飛行経歴その他の経歴を充足する期間（規第42条第4項）

法第29条第32項

学科試験：一回目全科目受験 → 一部科目合格 → 二回目不合格科目受験 → 全科目合格

実地試験：実地試験 → 不合格 → 再実地試験 → 合格 → 技能証明の交付

試験結果通知日

7.6　技能証明の取消等

　本節では技能証明の取り消し等と航空業務の停止，技能証明書等の再交付，返納，技能証明の限定の変更について説明します．

(技能証明の取消等)
- 法　第30条　国土交通大臣は，航空従事者が下の各号の一に該当するときは，その技能証明を**取り消し**，又は**1年以内の期間を定めて航空業務の停止**を命ずることができる．
  一　この法律又はこの法律に基く処分に違反したとき．
  二　航空従事者としての職務を行うに当り，非行又は重大な過失があつたとき．

準Key-5　技能証明の取消

(1) 航空法またはこれに基づく処分に違反したとき
(2) 航空従事者としての職務を行うに当り，非行又は重大な過失があつたとき．

　航空事故を起したり，航空業務以外の事件や事故を起して有罪になっても取り消されない．

(航空業務の停止)
- 規　第59条　航空業務又は航空機の操縦の練習の停止について前条の通知を受けた航空従事者又は操縦練習生は，すみやかにその技能証明書又は航空機操縦練習許可書を国土交通大臣に提出しなければならない．

(技能証明書等の再交付)
- 規　第71条　航空従事者又は操縦練習生は，その技能証明書若しくは航空身体検査証明書又は航空機操縦練習許可書を失い，破り，よごし，又は本籍，住所若しくは氏名を変更したため再交付を申請しようとするときは，再交付申請書(第28号様式)を国土交通大臣(指定航空身体検査医から交付を受けた航空身体検査証明書に係るときは，当該指定航空身体検査医．第3項において同じ．)に提出しなければならない
  2　前項の申請書には，技能証明書の再交付を申請する場合にあつては写真一葉及び次に掲げる書類を，航空身体検査証明書の再交付を申請する場合にあつては次に掲げる書類を，航空機操縦練習許可書の再交付を申請

7.6 技能証明の取消等

する場合にあつては写真二葉及び次に掲げる書類を，それぞれ添付しなければならない．

一　技能証明書若しくは航空身体検査証明書又は航空機操縦練習許可書（失つた場合を除く．）

二　戸籍抄本若しくは戸籍記載事項証明書又は本籍の記載のある住民票の写し（本籍又は氏名を変更した場合に限る．）

三　失つた事由及び日時（失つた日から30日以内に再交付を申請する場合に限る．）

3　国土交通大臣は，第1項の申請が正当であると認めるときは，技能証明書若しくは航空身体検査証明書又は航空機操縦練習許可書を再交付する．

（技能証明書等の返納）

・規　第72条　次の各号に掲げる技能証明書，航空身体検査証明書又は航空機操縦練習許可書を所有し，又は保管する者は，10日以内に，その事由を記載した書類を添えて，これを国土交通大臣に 返納 しなければならない．

一　法第30条（法第35条第5項において準用する場合を含む．）の規定により技能証明又は法第35条第1項第一号の許可を取り消されたときは，当該技能証明書（航空機乗組員の資格に係る者にあっては，技能証明書及び航空身体検査証明書．第四号において同じ．）又は航空機操縦練習許可書

二　同一種類の上級の資格に係る技能証明書の交付を受けたときは，現に有する資格に係るもの

三　前条の規定により再交付を受けた後失ったものを発見したときは，発見したもの

「返納事由」が 出題

四　航空従事者又は操縦練習生が死亡し，又は失そうの宣言を受けたときは，その技能証明書又は航空機操縦練習許可

（技能証明の限定の変更）

・法　第29条の2　国土交通大臣は，第25条第2項又は第3項の限定に係る技能証明につき，その技能証明に係る航空従事者の申請により，その限定を変更することができる．

2　前条の規定は，前項の限定の変更を行う場合に準用する．

演習問題

問1 技能証明の限定について次のうち正しいのものはどれか.
(1) 航空機の種類, 等級及び型式並びに業務の種類がある.
(2) 航空機の機種, 重量及び型式がある.
(3) 航空機の種類, 耐空類別及び型式がある.
(4) 航空機の重量, 耐空類別及び業務の種類がある. (☆☆☆)

問2 技能証明の限定は何について行うか次のうち誤っているものはどれか.
(1) 発動機の等級　　　　　(2) 航空機の種類
(3) 航空機の等級　　　　　(4) 航空機の型式　　　　(☆☆☆☆☆)

問3 国土交通大臣が行う技能証明の限定で次のうち誤っているものはどれか.
(1) 発動機の等級　(2) 航空機の等級　(3) 業務の種類
(4) 航空機の種類　(5) 航空機の型式

問4 受験機が陸上単発ピストン機である場合, 航空整備士の技能証明に付される等級限定についてて正しいものは次のうちどれか.
(1) 陸上単発ピストン機
(2) 陸上単発及び水上単発のピストン機
(3) 陸上単発及び陸上多発のピストン機
(4) 陸上単発, 陸上多発, 水上単発及び水上多発のピストン機　(☆☆☆☆☆)

問5 国土交通大臣が行う一等航空整備士技能証明の限定について次のうち正しいものはどれか.
(1) 航空機の種類及び等級についての限定をすることができる.
(2) 航空機の種類及び等級についての限定をしなければならない.
(3) 航空機の等級又は型式についての限定をすることができる.
(4) 航空機の種類及び発動機の等級についての限定をしなければならない. (☆☆)

問6 国土交通大臣が行う二等航空整備士技能証明の限定について次のうち正しいものはどれか.
(1) 航空機の種類及び等級についての限定をすることができる.
(2) 航空機の種類及び等級についての限定をしなければならない.
(3) 航空機の種類及び発動機の等級についての限定をしなければならない.

(4) 航空機の等級又は型式についての限定をすることができる．

問7　航空法でいう航空機の種類とは次のどれをいうか．
(1) 飛行機，回転翼航空機などの区別をいう．
(2) 陸上単発，水上多発などの区別をいう．
(3) セスナ式172型，ボーイング式747型などの区別をいう．
(4) 耐空類別の，飛行機輸送Ｔ，飛行機普通Ｎなどの区別をいう．

問8　航空法でいう航空機の種類とは次のどれか．
(1) 高翼機や低翼機などの区別をいう．
(2) ピストン機やジェット機などの区別をいう．
(3) ヘリコプタやグライダなどの区別をいう．
(4) 耐空類別の飛行機輸送Ｔや飛行機普通Ｎなどの区別をいう．

問9　航空法でいう航空機の種類として次のうち正しいものはどれか．
(1) 陸上機と水上機の区別をいう．
(2) ピストン機とタービン機の区別をいう．
(3) 飛行船や滑空機などの区別をいう．
(4) 飛行機輸送Ｔや飛行機普通Ｎなど耐空類別の区別をいう．

問10　航空機の種類で次のうち正しいものはどれか．
(1) 陸上機と水上機の区別をいう．
(2) ピストン機とタービン機の区別をいう．
(3) ヘリコプタやグライダなどの区別をいう．
(4) 飛行機輸送Ｔや飛行機普通Ｎなど耐空類別の区別をいう．

問11　航空機の等級とは次のどれをいうか．正しいものを選べ．
(1) 陸上と水上，単発と多発，ピストンとタービン等の区分をいう．
(2) 飛行機，回転翼航空機，滑空機の区分をいう．
(3) 飛行機輸送Ｔ，回転翼航空機普通Ｎ，滑空機曲技Ａの区分をいう．
(4) 最大離陸重量による区分をいう．

問12　航空機の等級を説明したもので次のうち正しいものはどれか．
(1) 一等，二等航空整備士などが確認行為をできる航空機の区別をいう．
(2) 陸上単発ピストン機，水上多発タービン機などの区別をいう．

(3) セスナ式 172 型，ボーイング式 777 型などの区別をいう．
(4) 飛行機輸送 T，飛行機普通 N など耐空類別の区別をいう． (☆☆☆)

問 13 航空機の等級とは次のどれを言うか．正しいものを選べ．
(1) 陸上と水上，単発と多発，ピストンとタービンの区分をいう．
(2) 飛行機，回転翼航空機，滑空機等の区分をいう．
(3) 飛行機輸送 T，回転翼航空機普通 N，滑空機曲技 A 等の区分をいう．
(4) 最大離陸重量による区分をいう． (☆☆☆)

問 14 整備士についての技能証明を受ける要件で次のうち正しいものはどれか．
(☆☆☆☆☆)
(1) 年齢及び整備経歴　　　　　　(2) 年齢，整備経歴及び学歴
(3) 国籍，年齢及び整備経歴　　　(4) 国籍，整備経歴及び学歴

問 15 技能証明を受けるための「要件」とは次のうちどれか．ただし，航空通信士を除く．
(1) 資格別，航空機の種類別，年齢および飛行経歴その他の経歴
(2) 資格別，航空機の種類別および飛行経歴その他の経歴
(3) 資格別，航空機の種類と等級別，年齢および経歴
(4) 資格別，航空機の種類別，年齢，飛行経歴その他の経歴および学科試験 (☆☆)

問 16 航空法でいう「技能証明の要件」とは次のどれか．ただし，航空通信士を除く．
(1) 資格別及び航空機の種類別に国土交通省令で定められる年齢
(2) 資格別及び航空機の種類別に国土交通省令で定められる飛行経歴その他の経歴
(3) 資格別及び航空機の種類別に国土交通省令で定められる年齢及び飛行経歴その他の経歴
(4) 資格別及び航空機の種類別に国土交通省令で定められる年齢，飛行経歴その他の経歴及び学科試験

問 17 航空法の別表の記載内容で，次のうち正しいものはどれか．
(1) 学科試験及び実地試験の科目　　　(2) 資格ごとの業務範囲
(3) 資格ごとに年令・整備経歴等の要件　(4) 航空法の附則

問18 整備をした航空機について，二等航空運航整備士が法第19条第2項に規定する確認の行為を行うことができる耐空類別で正しいものは次のうちどれか.
(1) 飛行機曲芸A (2) 飛行機輸送C
(3) 回転翼航空機輸送TA級 (4) 飛行機輸送T及びC (☆☆)

問19 整備をした航空機について，二等航空運航整備士（飛行機）の業務範囲で法第19条第2項に規定する確認の行為を行うことができる耐空類別で次のうち正しいものはどれか.
(1) 飛行機曲技A (2) 飛行機輸送C
(3) 回転翼航空機　普通N［動力滑空機曲技A］
(4) 飛行機輸送T及びC (☆☆)

問20 法第28条別表の二等航空運航整備士の業務範囲について，［　　　　　］内に当てはまるものは次のうちどれか.
整備（保守及び国土交通省令で定める［イ］に限る.）をした航空機（整備に［ロ］及び［ハ］を要する国土交通省令で定める用途のものを除く.）について第19条第2項に規定する確認の行為を行うこと.
(1) イー小修理，ロー緊度及び間隙の調整，ハー複雑な結合作業
(2) イー小修理，ロー高度な知識，ハー複雑な整備手法
(3) イー軽微な修理，ロー高度な知識，ハー能力
(4) イー軽微な修理，ロー複雑な整備手法，ハー能力 (☆☆☆☆☆)

問21 次のうち正しいものはどれか.
(1) 技能証明の要件としての年齢は，資格別に航空法の別表に定められている.
(2) 学科試験の科目は，航空法の別表に掲げられている.
(3) 技能証明の要件としての飛行経歴その他の経歴は，航空法の別表に資格別に掲げられている.
(4) 技能証明の資格別の業務範囲は，航空法の別表に掲げられている. (☆☆)

問22 航空従事者の実地試験科目で「整備の基本技術」を必要とする受験資格を全て網羅しているものは次のうちどれか. ただし，資格名の一等，二等は省略する.
(1) 航空工場整備士，航空運航整備士および航空整備士

(2) 航空整備士のみ
(3) 航空運航整備士および航空整備士
(4) 航空工場整備士および航空整備士

問 23 航空従事者の実地試験科目（施行規則別表第 3）で「動力装置の操作」を必要とする受験資格の組み合わせとして次のうち正しいものはどれか．
(1) 航空工場整備士および航空整備士
(2) 一等航空整備士および二等航空整備士
(3) 一等航空整備士および一等航空運航整備士
(4) 航空運航整備士および航空整備士

問 24 航空従事者の実地試験科目で航空整備士には有るが航空運航整備士に無いものは次のうちどれか．
(1) 整備の基本技術　　　　(2) 整備に必要な知見
(3) 整備に必要な技術　　　(4) 動力装置の操作

問 25 学科試験に合格した者が，当該合格に係る資格と同じ資格の技能証明を同じ種類の航空機について申請する場合に学科試験が免除される期間として次のうち正しいものは
(1) 技能証明申請書提出の日から 1 年以内
(2) 技能証明申請書提出の日から 2 年以内
(3) 当該申請に係る学科試験の合格通知があつた日から 1 年以内
(4) 当該申請に係る学科試験の合格通知があつた日から 2 年以内

問 26 一等航空整備士（回）の技能証明を受けようとする者が必要とする経験について誤っているものは次のうちどれか．
(1) 回転翼航空機輸送 TA 級又は回転翼航空機輸送 TB 級である回転翼航空機について 6 月以上の整備の経験を含む 4 年以上の航空機の整備の経験
(2) 国土交通大臣が指定する整備に係る訓練課程を修了した場合は，回転翼航空機輸送 TA 級又は回転翼航空機輸送 TB 級である回転翼航空機について 6 月以上の整備の経験を含む 2 年以上の航空機の整備の経験
(3) 技能証明を受けようとする種類の航空機について 6 月以上の整備の経験を含む 3 年以上の航空機の整備の経験
(4) 二等航空整備士の技能証明を有している者にあつては，回転翼航空機輸送 TA

級又は回転翼航空機輸送TB級である回転翼航空機について6月以上の整備の経験を含む1年以上の航空機の整備の経験

問27 一等航空整備士(飛)の技能証明を受けようとする者が必要とする経験について誤っているものは次のうちどれか．
(1) 飛行機輸送C又は飛行機輸送Tである飛行機について6月以上の整備の経験を含む4年以上の航空機の整備の経験
(2) 国土交通大臣が指定する整備に係る訓練課程を修了した場合は，飛行機輸送C又は飛行機輸送Tである飛行機について6月以上の整備の経験を含む2年以上の航空機の整備の経験
(3) 技能証明を受けようとする種類の航空機について6月以上の整備の経験を含む3年以上の航空機の整備の経験
(4) 二等航空整備士の技能証明を有している者にあつては，飛行機輸送C又は飛行機輸送Tである飛行機について6月以上の整備の経験を含む1年以上の航空機の整備の経験

問28 技能証明を申請する者が，所定の整備の経歴を有することを証明する書類を国土交通大臣に提出しなければならない期限はどれか．
(1) 技能証明申請書提出の日から1年以内
(2) 技能証明申請書提出の日から2年以内
(3) 当該申請に係る学科試験の合格通知があつた日から1年以内
(4) 当該申請に係る学科試験の合格通知があつた日から2年以内

問29 技能証明を申請した者が，所定の飛行経歴その他の経歴を有することを証明する書類を国土交通大臣に提出しなければならない期限はどれか．
(1) 技能証明申請書提出の日から1年以内
(2) 技能証明申請書提出の日から2年以内
(3) 当該申請に係る学科試験の合格通知があつた日から1年以内
(4) 当該申請に係る学科試験の合格通知があつた日から2年以内　　　　　　（☆☆）

問30 技能証明試験において不正の行為があつた者について，国土交通大臣はある期間技能証明の申請を受理しないことができるが，正しいものは次のうちどれか．
(1) 6ヶ月以内の期間　　　　　(2) 1年以内の期間

(3) 2年以内の期間　　　　　(4) 3年以内の期間　　　　　　（☆☆☆☆☆）

問 31　国土交通大臣が技能証明の取り消し又は1年以内の期間を定めて航空業務の停止を命ずることができるのは次のうちどれか．
(1) 航空事故を起こしたとき
(2) 重大なインシデントを起こしたとき
(3) 悪質な事件又は事故を起こしたとき　　　　　　　　　　　　　（☆☆☆）
(4) 航空従事者としての職務を行うに当り非行又は重大な過失があつたとき

問 32　国土交通大臣が技能証明の取り消しを命ずることができる例として次のうち正しいものはどれか．
(1) 航空事故を起こし死傷者が出たとき
(2) 重大なインシデントを起こしたとき
(3) 刑事事件又は事故を起こし有罪が確定したとき
(4) 航空従事者としての職務上で重大な過失があつたとき　　　　（☆☆☆☆）

問 33　耐空証明書を返納すべき事由として次のうち誤っているものはどれか．
(1) 有効期限が経過した場合　　　(2) 航空機事故を起こした場合
(3) 耐空証明が効力を失った場合
(4) 耐空証明書の有効期限が経過する前に新たに耐空証明を受けた場合

第 8 章　航空機の運航（1）

本章では航空法の「第 6 章 航空機の運航」の中の国籍等の表示および航空日誌，航空機に備え付ける書類等，航空機の装備しなければならない装置等について説明します．

8.1　国籍等の表示

本節では国籍および登録記号，所有者の氏名又は名称の表示方法について説明します．

> （国籍等の表示）
> ・法　第 57 条　航空機には，国土交通省令で定めるところに従い，　国籍 ，　登録記号　及び　所有者の氏名又は名称　を表示しなければ，これを航空の用に供してはならない．但し，第 11 条第 1 項ただし書の規定による許可を受けた場合は，この限りでない．

（国籍記号及び登録記号）
・規　第 133 条　航空機の国籍は，装飾体でないローマ字の大文字 JA (以下「国籍記号」という．) で表示しなければならない．
・規　第 134 条　法第 5 条の規定による　登録記号　(以下「登録記号」という．) は，装飾体でない 4 個 のアラビア数字又はローマ字の大文字で表示しなければならない．

（国籍記号及び登録記号の表示の方法及び場所）
・規　第 135 条　国籍記号及び登録記号は，耐久性のある方法で，鮮明に表示しなければならない．
・規　第 136 条　登録記号は，国籍記号の後に連記しなければならない．

- 規 第137条　国籍記号及び登録記号の表示の方法及び場所は，次の通りとする．
  - 一　飛行機及び滑空機の場合には，**主翼面と尾翼面又は主翼面と胴体面**とに表示するものとする．
    - イ **主翼面**にあつては，**右最上面及び左最下面**に表示し，主翼の前縁及び後縁より等距離に配置し，国籍記号及び登録記号の頂は，主翼の前縁に向けるものとする．但し，各記号は，補助翼及びフラップにわたつてはならない．
    - ロ **尾翼面**にあつては，**垂直尾翼の両最外側面**に，尾翼の各縁から5cm以上離して，水平又は垂直に配置するものとする．
    - ハ **胴体面**にあつては，**主翼と尾翼の間にある胴体の両最外側面**に表示し，水平安定板の前縁の直前方に，水平又は垂直に配置するものとする．
  - 二　回転翼航空機の場合には，**胴体底面及び胴体側面**に表示する．
    - イ **胴体底面**にあつては，胴体の**最大横断面附近**に配置し，各記号の頂は，胴体左側に向けるものとする．
    - ロ **胴体側面**にあつては，**主回転翼の軸と補助回転翼の軸との間の胴体両側面又は動力装置のある附近の両側面**に，水平又は垂直に配置するものとする．
  - 三　飛行船の場合には，船体面又は水平安定板面及び垂直安定板面に表示するものとする．
    - イ 船体面にあつては，対称軸と直角に交わる最大横断面附近の上面及び両側面に配置するものとする．
    - ロ 水平安定板面にあつては，右上面及び左下面に配置し，国籍記号及び登録記号の頂は，水平安定板の前縁に向けるものとする．
    - ハ 垂直安定板面にあつては，下方の垂直安定板の両側面に水平に配置するものとする．

Key-24　航空機に表示しなければならない事項

- 国籍記号 および 登録記号, 所有者の氏名または名称
- 国籍記号：装飾体でないローマ字の大文字 JA
- 登録記号：装飾体でない 4個 のアラビヤ数字またはローマ字の 大文字

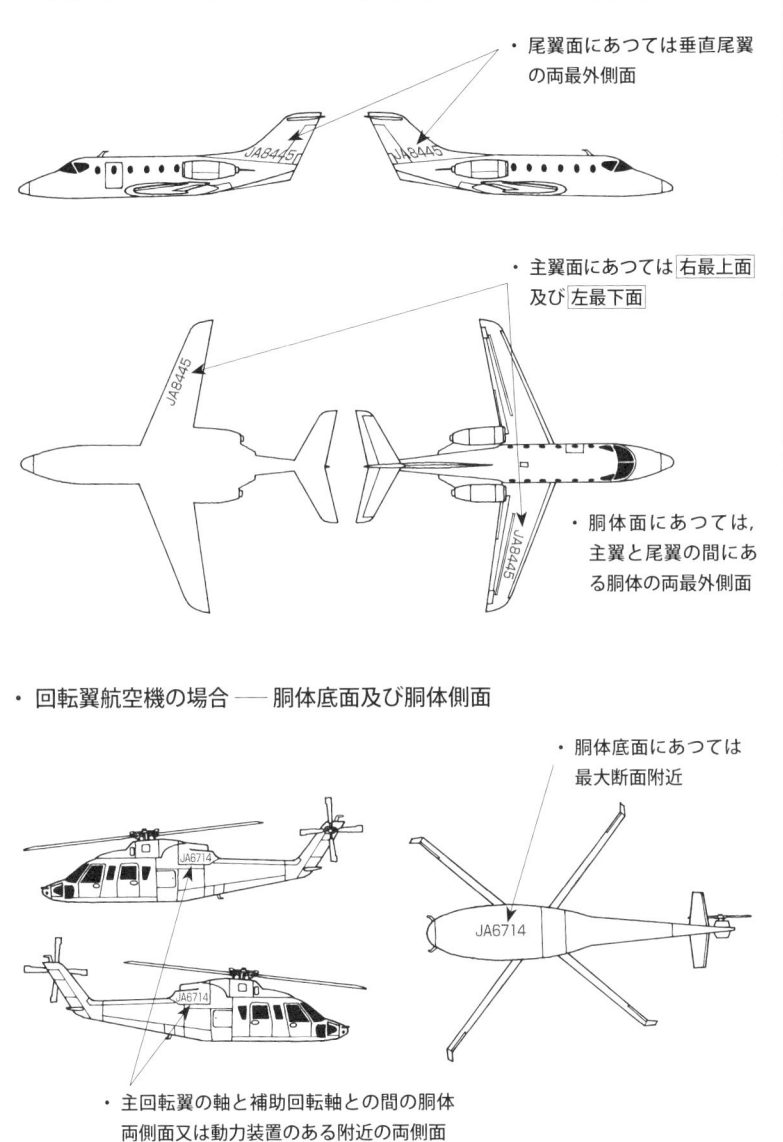

- 飛行機および滑空機の場合 —— 主翼面と尾翼面又は主翼面と胴体面

  - 尾翼面にあつては垂直尾翼の両最外側面

  - 主翼面にあつては 右最上面 及び 左最下面

  - 胴体面にあつては、主翼と尾翼の間にある胴体の両最外側面

- 回転翼航空機の場合 —— 胴体底面及び胴体側面

  - 胴体底面にあつては最大断面附近

  - 主回転翼の軸と補助回転軸との間の胴体両側面又は動力装置のある附近の両側面

8.2 航　空　日　誌

　本節では航空日誌の種類および記載すべき事項，備える義務を有する者について説明します．

（航空日誌）
- 法　第58条　航空機の 使用者 は， 航空日誌 を備えなければならない．
　　2　航空機の 使用者 は， 航空機を航空の用に供した 場合又は 整備 し，若しくは 改造 した場合には，遅滞なく 航空日誌 に国土交通省令で定める事項を記載しなければならない．
　　3　前2項の規定は，第11条第1項ただし書の規定による許可を受けた場合には，適用しない．

（航空日誌）
- 規　第142条　法第58条第1項の規定により**航空機の使用**者が備えなければならない航空日誌は，法第131条各号に掲げる航空機(*)以外の航空機については 搭載用航空日誌 ， 地上備え付け発動機航空日誌 及び 地上備え付け用プロペラ航空日誌 又は 滑空機用航空日誌 と，法第131条各号に掲げる航空機については搭載用航空日誌とする．
　　2　法第58条第2項の規定により航空日誌に**記載すべき事項は**，次のとおりとする．
　　一　 搭載用航空日誌
　　　イ　航空機の国籍，登録記号，登録番号及び登録年月日
　　　ロ　航空機の種類，型式及び型式証明書番号
　　　ハ　耐空類別及び耐空証明書番号
　　　ニ　航空機の製造者，製造番号及び製造年月日
　　　ホ　発動機及びプロペラの型式
　　　ヘ　航行に関する次の記録
　　　　（1）航行年月日
　　　　（2）乗組員の氏名及び業務
　　　　（3）航行目的又は便名

(4) 出発地及び出発時刻
　　　(5) 到着地及び到着時刻
　　　(6) 航行時間
　　　(7) 航空機の航行の安全に影響のある事項
　　　(8) 機長の署名
　　ト 製造後の総航行時間及び最近のオーバーホール後の総航行時間
　　チ 発動機及びプロペラの装備換えに関する次の記録
　　　(1) 装備換えの年月日及び場所
　　　(2) 発動機及びプロペラの製造者及び製造番号
　　　(3) 装備換えを行った箇所及び理由
　　リ 修理，改造又は整備の実施に関する次の記録
　　　(1) 実施の年月日及び場所
　　　(2) 実施の理由，箇所及び交換部品名
　　　(3) 確認年月日及び確認を行った者の署名又は記名押印
　二 地上備え付け用発動機航空日誌 及び 地上備え付け用プロペラ航空日誌
　　イ 発動機又はプロペラの型式
　　ロ 発動機又はプロペラの製造者，製造番号及び製造年月日
　　ハ 発動機又はプロペラの装備換えに関する次の記録
　　　(1) 装備換えの年月日及び場所
　　　(2) 装備した航空機の型式，国籍，登録記号及び登録番号
　　　(3) 装備換えを行った理由
　　ニ 発動機又はプロペラの修理，改造又は整備の実施に関する次の記録
　　　(1) 実施の年月日及び場所
　　　(2) 実施の理由，箇所及び交換部品名
　　　(3) 確認年月日及び確認を行った者の署名又は記名押印
　　ホ 発動機又はプロペラの使用に関する次の記録
　　　(1) 使用年月日及び時間
　　　(2) 製造後の総使用時間及び最近のオーバーホール後の総使用時間
　三 滑空機用航空日誌
　　イ 滑空機の国籍，登録記号，登録番号及び登録年月日
　　ロ 滑空機の型式及び型式証明書番号
　　ハ 耐空類別及び耐空証明書番号

ニ　滑空機の製造者，製造番号及び製造年月日
　　　ホ　飛行に関する次の記録
　　　　(1) 飛行年月日
　　　　(2) 乗組員氏名
　　　　(3) 飛行目的
　　　　(4) 飛行の区間又は場所
　　　　(5) 飛行の時間又は回数
　　　　(6) 滑空機の飛行の安全に影響のある事項
　　　　(7) 機長の署名
　　　ヘ　修理，改造又は整備の実施に関する次の記録
　　　　(1) 実施の年月日及び場所
　　　　(2) 実施の理由，箇所及び交換部品名
　　　　(3) 確認年月日及び確認を行った者の署名又は記名押印
　　3　前項の規定にかかわらず，法第131条各号に掲げる航空機の搭載用航空日誌には，同項第一号イ及びヘに掲げる事項を記載すればよい．

（＊）　**法第131条各号**に掲げる航空機は，外国の国籍を有する航空機です．

Key-25　航空日誌の種類及び備える義務を有する者

・種類―4種類
　(1) 搭載用 航空日誌：航空機1機ごとに備え，航空機を運航するときは必ず航空機に搭載
　(2) 地上備え付け用発動機 航空日誌：各エンジン1台ごとに備え，地上で管理
　(3) 地上備え付け用プロペラ 航空日誌：各プロペラ1台ごとに備え，地上で管理
　(4) 滑空機用 航空日誌：滑空機を運用するとき滑空機に搭載しなくても良い
・備える義務を有する者― 使用者

> **Key-26** 搭載用航空日誌に記載すべき事項
>
> (1) 航空機の国籍，登録記号，登録番号，登録年月日
> (2) 航空機の種類，型式及び型式証明番号
> (3) 耐空類別及び耐空証明書番号
> (4) 航空機の製造者，製造番号及び製造年月日
> (5) 発動機及びプロペラの型式
> (6) 航行に関する記録
> (7) 製造後の総航行時間及び最近のオーバーホール後の総航行時間
> (8) 発動機及びプロペラの装備換えに関する記録
> (9) 修理，改造又は整備の実施に関する記録
>
> ・過去問に出た記載しなくて良い事項
> (1) 航空機の重量重心
> (2) 最大離陸重量
> (3) 運航管理者の署名
> (4) 貨物の重量，乗員及び乗客数

8.3 航空機に備え付ける書類

本節では航空機に備え付ける書類について説明します．

> （航空機に備え付ける書類）
> ・法　第59条　航空機（国土交通省令で定める航空機を除く．）には，下記に掲げる書類を備え付けなければ，これを航空の用に供してはならない．但し，第11条第1項ただし書の規定による許可を受けた場合は，この限りでない．
> 　一　航空機登録証明書
> 　二　耐空証明書
> 　三　航空日誌
> 　四　その他国土交通省令で定める航空の安全のために必要な書類

> （航空機登録証明書等の備え付けを免除される航空機）
> ・規　第143条　法第59条の国土交通省令で定める航空機は， 滑空機 とする．

(航空機に備え付ける書類)
- 規　第144条　法第59条第三号の航空日誌は 搭載用航空日誌 とする．
- 規　第144条の2　法第59条第四号の国土交通省令で定める航空の安全のために必要な書類は，次に掲げる書類とする．
  - 一　運用限界等指定書
  - 二　飛行規程
  - 三　飛行の区間，飛行の方式その他飛行の特性に応じて適切な 航空図
  - 四　運航規程 (航空運送事業の用に供する場合に限る．)
  - 2　前項の規定にかかわらず，運航規定に飛行規程に相当する事項が記載されている場合には，飛行規程は法第59条第四号の航空の安全のために必要な書類に含まれないものとする．

Key-27　航空機に備えつける書類(滑空機には不要)

(1) 航空機登録 証明書
(2) 耐空 証明書 (←型式証明書はその持つ意味から不要なことは自明)
(3) 搭載用航空日誌
(4) 運用限界指定書
(5) 飛行 規程 (運航規程に飛行規程に相当する事項が記載されている場合には不要)
(6) 航空図
(7) 運航 規程 (航空運送事業の用に供する場合に限る．)

8.4　航空機の航行の安全を確保するための装置等

本節では航空機の航行の安全を確保するための装置および航空機の運航の状況を記録するための装置，その記録の保存期間について説明します．

8.4 航空機の航行の安全を確保するための装置等

（航空機の航行の安全を確保するための装置）
- **法　第60条**　航空機は，国土交通省令で定めるところにより航空機の 姿勢 , 高度 , 位置 又は 針路 を測定するための装置，無線電話その他の航空機の航行の安全を確保するために必要な装置を装備しなければ，これを航空の用に供してはならない．ただし，国土交通大臣の許可を受けた場合は，この限りでない．

「○○○」が 出題

（航空機の航行の安全を確保するための装置）
- **規　第145条**　法第60条の規定により，計器飛行等を行う航空機に装備しなければならない装置は，次の表の飛行の区分に応じ，それぞれ，同表の装置の欄に掲げる装置であつて，同表の数量の欄に掲げる数量以上のものとする．ただし，航空機のあらゆる姿勢を指示することができるジャイロ式姿勢指示器を装備している航空機にあつてはジャイロ式旋回計，自衛隊の使用する航空機のうち国土交通大臣が指定する型式のものにあつては外気温度計，航空運送事業の用に供する最大離陸重量が5,700kgを超える飛行機（同表の規定によりVOR受信装置を装備しなければならないこととされるものに限る．）以外の航空機にあつては機上DME装置は，装備しなくてもよいものとする．

飛行の区分		装置	数量
計器飛行 (注1)	1	ジャイロ式姿勢指示器	1 (航空運送事業の用に供する最大離陸重量が5,700kgを超える飛行機にあつては，2)
	2	ジャイロ式方向指示器	1
	3	ジャイロ式旋回計	1
	4	すべり計	1
	5	精密高度計	1 (航空運送事業の用に供する最大離陸重量が5,700kgを超える飛行機にあつては，2)
	6	昇降計	1

飛行の区分	装置	数量
	7　ピトー管凍結防止装備付速度計	1 (航空運送事業の用に供する最大離陸重量が5,700kgを超える飛行機にあつては，2)
	8　外気温度計	1
	9　秒刻み時計	1
	10　機上DME装置	1
	11　次に掲げる装置のうち，その飛行中常時NDB，VOR又はタカンからの電波を受信することが可能となるもの 　イ　方向探知機 　ロ　VOR受信装置 　ハ　機上タカン装置	1 (航空運送事業の用に供する最大離陸重量が5,700kgを超える飛行機にあつては，2) 「本表の3つの◯◯◯」が 出題
法第34条第1項第二号に掲げる飛行(注2)	計器飛行の項第8号から第11号までに掲げる装置	計器飛行の項第8号から第11号までに掲げる装置に応じ，当該各号に掲げる数量
計器飛行方式による飛行(注3)	1　計器飛行の項第1号から第10号までに掲げる装置	計器飛行の項第1号から第10号までに掲げる装置に応じ，当該各号に掲げる数量
	2　次に掲げる装置のうち，その飛行に係る飛行の経路に応じ，当該飛行の経路を構成するNDB，VOR又はタカンからの電波を受信するためのもの 　イ　方向探知機 　ロ　VOR受信装置 　ハ　機上タカン装置	1 (航空運送事業の用に供する最大離陸重量が5,700kgを超える飛行機にあつては，2)

(注1) 航空機の姿勢，高度，位置および針路の測定を計器のみに依存して行う飛行をいう．(法第2条15項) すなわち，機外の目視に頼らないで飛行することである．
(注2) 計器航法 による飛行のこと．(計器飛行以外の航空機の位置および針路の測定を計器のみに依存して行う飛行で，国土交通省令で定める距離または時間を超えて行うものをいう．)
(注3) ATC(航空交通管制)の許可をもらって，管制圏内の飛行場から離陸し，管制区(航空路)を経由して，管制圏内にある飛行場に進入および着陸を行う飛行をいう．

8.4.1 官制区等を航行するために装備しなければならない装置

- 規 **第146条** 法第60条の規定により，管制区，管制圏，情報圏又は民間訓練試験空域を航行する航空機に装備しなければならない装置は，次の各号に掲げる場合に応じ，それぞれ，当該各号に掲げる装置であつて，当該各号に掲げる数量以上のものとする．

  一 管制区又は管制圏を航行する場合　いかなるときにおいても航空交通管制機関と連絡することができる 無線電話 1（航空運送事業の用に供する最大離陸重量5,700kgを超える飛行機にあつては，2）

  二 管制区又は管制圏のうち，計器飛行方式又は有視界飛行方式の別に国土交通大臣が告示で指定する空域を当該空域の指定に係る飛行の方式により飛行する場合　4096以上の応答符号を有し，かつ，モードAの質問電波又はモード3の質問電波に対して航空機の識別記号を応答する機能及びモードCの質問電波に対して航空機の高度を応答する機能を有する 航空交通管制用自動応答装置 1

  三 情報圏又は民間訓練試験空域を航行する場合（第202条の5第1項第一号又は第2項第一号に該当する場合を除く．）　いかなるときにおいても航空交通管制機関又は当該空域における他の航空機の航行に関する情報（以下「航空交通情報」という．）を提供する機関と連絡することができる 無線電話 1

規 第146条に使われている官制区等の定義は下記の条文で定義されています．

（定義）
- 法 **第2条**

  11 この法律において「航空交通 管制区 」とは，地表又は水面から200メートル以上の高さの空域であつて，航空交通の安全のために国土交通大臣が告示で指定するものをいう．

  12 この法律において「航空交通 管制圏 」とは，航空機の離陸及び着陸が頻繁に実施される国土交通大臣が告示で指定する飛行場並びにその付近の上空の空域であつて，飛行場及びその上空における航空交通の安全のために国土交通大臣が告示で指定するものをいう．

  13 この法律において「航空交通 情報圏 」とは，前項に規定する飛行場以外の国土交通大臣が告示で指定する飛行場及びその付近の上空の空域であつ

- **法　第 95 条の 3**　航空機は，国土交通省令で定める航空機が専ら曲技飛行等又は第 92 条第 1 項各号に掲げる飛行を行う空域として国土交通大臣が告示で指定する空域（以下「民間訓練試験空域」という．）において国土交通省令で定める飛行を行おうとするときは，国土交通省令で定めるところにより国土交通大臣に訓練試験等計画を通報し，その承認を受けなければならない．承認を受けた訓練試験等計画を変更しようとするときも同様とする．

8.4.2　航空運送事業の用に供する航空機に装備しなければならない装置

- **規　第 147 条**　法第 60 条の規定により，航空運送事業の用に供する航空機に装備しなければならない装置は，次の各号に掲げる装置であつて，当該各号に掲げる数量以上のものとする．
  - 一　航行中いかなるときにおいても航空交通管制機関と連絡することができる 無線電話 1（最大離陸重量が 5,700 kg を超える飛行機にあつては，2）
  - 二　ILS受信装置 （ILS が設置されている飛行場に着陸する最大離陸重量が 5,700 kg を超える飛行機に限る．）1
  - 三　気象レーダー （雲の状況を探知するためのレーダーをいう．）（最大離陸重量が 5,700 kg を超える飛行機に限る．）1
  - 四　次に掲げる機能を有する 対地接近警報装置 （客席数が 9 又は最大離陸重量が 5,700 kg を超え，かつ，タービン発動機を装備した飛行機に限る．）1
    - イ　過大な降下率に対して警報を発する機能
    - ロ　過大な対地接近率に対して警報を発する機能
    - ハ　離陸後又は着陸復行後の過大な高度の喪失に対して警報を発する機能
    - ニ　脚が下がつておらず，かつ，フラップが着陸位置にない場合であつて地表との距離が十分でないときに警報を発する機能
    - ホ　グライドパスからの過大な下方偏移に対して警報を発する機能
    - ヘ　前方の地表との接近に対して警報を発する機能
  - 四の二　次に掲げる機能を有する **対地接近警報装置**（客席数が 9 又は最大離陸重量が 5,700 kg を超え，かつ，ピストン発動機を装備した飛行機に限る．）1

イ　前号イ，ハ及びへに掲げる機能
　　ロ　地表との距離が十分でない場合に刑法を発する機能
　五　国際民間航空条約の附属書10第4巻第77改訂版に定める基準に適合する 航空機衝突防止装置 (客席数が19又は最大離陸重量5,700kgを超え，かつ，タービン発動機を装備した飛行機に限る.) 1
　六　けん銃の弾丸及び手りゅう弾の破片の貫通並びに乗組員室への入室が認められていない者の入室を防止し，かつ，操縦者の定位置からの施錠及び解錠が可能な 乗組員室ドア (客席数が60又は最大離陸重量が45,500kgを超え，かつ，旅客を運送する飛行機に限る.) **客室から乗組員室に通じる出入口の数**

8.4.3　航空運送事業の用に供する飛行機以外の飛行機に装備しなければならない装置

・規　第147条の2　法第60条の規定により，航空運送事業の用に供する飛行機以外の飛行機(客席数が9又は最大離陸重量が5,700kgを超え，かつ，タービン発動機を装備したものに限り，自衛隊が使用するものを除く.)に装備しなければならない装置は，次に掲げる機能を有する対地接近警報装置とする.
　一　前条(第147条)第四号イ，ハ及びへに掲げる機能
　二　地表との距離が十分でない場合に警報を発する機能

8.4.4　航空機の運航の状況を記録するための装置

(航空機の運航の状況を記録するための装置)
・法　第61条　国土交通省令で定める航空機には，国土交通省令で定めるところにより， 飛行記録装置 その他の 航空機の運航の状況を記録するための装置 を装備し，及び作動させなければ，これを航空の用に供してはならない．ただし，国土交通大臣の許可を受けた場合は，この限りでない．
　2　前項の**航空機の使用者**は，国土交通省令で定めるところにより同項の装置による記録を 保存 しなければならない．

(航空機の運航状況を記録するための装置)
・規　第149条　法第61条第1項の規定により次の表の航空機の種別の欄に掲げる航空機(自衛隊が使用するものを除く)に装備し，及び作動させなければならない航空機の運航の状況を記録するための装置は，それぞれ同表の装置の欄に掲げる装置とする．

航空機の種別	装置
飛行機 航空運送事業の用に供する最大離陸重量が5,700kgを超えるものであつて，最初の法第10条第1項の規定による耐空証明又は国際民間航空条約の締約国たる外国による耐空性についての証明その他の行為(以下この表において「耐空証明等」という．)が平成3年10月11日前になされたもの	1　次に掲げる事項を記録することができる 飛行記録装置 イ　時刻又は経過時間 ロ　気圧高度 ハ　対気速度 ニ　機首方位 ホ　縦揺れ角 ヘ　横揺れ角 ト　垂直加速度 チ　横加速度 リ　方向舵ペダルの操作量又は方向舵の変位量，操縦桿の操作量又は昇降舵の変位量及び操縦輪の操作量又は補助翼の変位量(非機械式操縦装置を装備している航空機にあつては，方向舵ペダルの操作量及び方向舵の変位量，操縦桿の操作量及び昇降舵の変位量並びに操縦輪の操作量及び補助翼の変位量) ヌ　縦のトリム装置の変位量 ル　フラップ操作装置の操作量又はフラップの変位量 ヲ　各発動機の出力又は推力 ワ　逆推力装置の位置 カ　航空交通管制機関と連絡した時刻 2　連続した 最新の30分間以上 の音声を記録することができる 操縦室用音声記録装置
航空運送事業の用に供する最大離陸重量が5,700kgを超え27,000kg以下のものであつて，最初の耐空証明等が平成3年10月11日以後平成15年1月1日以前になされたもの	1　次に掲げる事項を記録することができる 飛行記録装置 (以下この表において「タイプⅡに準じた飛行記録装置」という．) イ　時刻又は経過時間 ロ　気圧高度 ハ　外気温度 ニ　対気速度 ホ　機首方位 ヘ　縦揺れ角 ト　横揺れ角 チ　垂直加速度

8.4 航空機の航行の安全を確保するための装置等　　　　　141

航空機の種別	装置	
	リ	横加速度
	ヌ	方向舵ペダルの操作量又は方向舵の変位量，操縦桿の操作量又は昇降舵の変位量及び操縦輪の操作量又は補助翼の変位量（非機械式操縦装置を装備している航空機にあつては，方向舵ペダルの操作量及び方向舵の変位量，操縦桿の操作量及び昇降舵の変位量並びに操縦輪の操作量及び補助翼の変位量）
	ル	縦のトリム装置の変位量
	ヲ	前縁フラップ操作装置の操作量又は前縁フラップの変位量
	ワ	後縁フラップ操作装置の操作量又は後縁フラップの変位量
	カ	グラウンドスポイラー操作装置の操作量又はグラウンドスポイラーの変位量及びスピードブレーキ操作装置の操作量又はスピードブレーキの変位量
	ヨ	各発動機の出力又は推力
	タ	逆推力装置の位置
	レ	自動操縦装置，発動機の出力又は推力の自動調整装置及び自動飛行制御装置の作動状況及び作動モード
	ソ	航空交通管制機関と連絡した時刻
	2	連続した最新の30分間以上 の音声を記録することができる 操縦室用音声記録装置
最大離陸重量が27,000kgを超えるものであつて，最初の耐空証明等が平成3年10月11日以後平成15年1月1日以前になされたもの	1	航空運送事業の用に供するものにあつては国際民間航空条約の附属書6第1部第27改訂版，航空運送事業の用に供するもの以外のものにあつては同附属書第2部第22改訂版に規定するタイプⅠの 飛行記録装置 （以下この表において単に「タイプⅠの飛行記録装置」という。）
	2	連続した最新の30分間以上 の音声を記録することができる 操縦室用音声記録装置
航空運送事業の用に供する最大離陸重量が5,700kgを超え27,000kg以下のものであつて，最初の耐空証明等が平成15年1月1日後平成17年1月1日以前になされたもの	1	タイプⅡに準じた 飛行記録装置
	2	連続した最新の2時間以上 の音声を記録することができる 操縦室用音声記録装置
最大離陸重量が27,000kgを超えるものであつて，最初の耐空証明等が平成15年1月1日後平成17年1月1日以前になされたもの	1	タイプⅠの飛行記録装置
	2	連続した最新の2時間以上 の音声を記録することができる 操縦室用音声記録装置

航空機の種別	装置
最大離陸重量が 5,700kg を超えるものであつて，最初の耐空証明等が平成 17 年 1 月 1 日後になされたもの	1　航空運送事業の用に供するものにあつては国際民間航空条約の附属書 6 第 1 部第 27 改訂版，航空運送事業の用に供するもの以外のものにあつては同附属書第 2 部第 22 改訂版に規定するタイプ I A の 飛行記録装置 2　連続した最新の 2 時間以上 の音声を記録することができる 操縦室用音声記録装置
回転翼航空機 航空運送事業の用に供する最大離陸重量が 3,180kg を超え 7,000kg 以下のものであつて，最初の耐空証明等が平成 3 年 10 月 11 日以後になされたもの	連続した最新の 30 分間以上 の音声及び主回転翼回転速度（飛行記録装置において主回転翼回転速度を記録している場合を除く.）を記録することができる 操縦室用音声記録装置
最大離陸重量が 7,000kg を超えるものであつて，最初の耐空証明等が平成 3 年 10 月 11 日以後になされたもの	1　次に掲げる事項を記録することができる 飛行記録装置 イ　時刻又は経過時間 ロ　気圧高度 ハ　外気温度 ニ　対気速度 ホ　機首方位 ヘ　縦揺れ角 ト　横揺れ角 チ　垂直加速度 リ　横加速度 ヌ　機軸方向の加速度 ル　偏揺れ角加速度又は角速度 ヲ　ペダルの操作量又はテールロータピッチの変位量，サイクリックレバーの操作量又はサイクリックピッチの変位量及びコレクティブレバーの操作量又はコレクティブピッチの変位量（非機械式操縦装置を装備している航空機にあつては，ペダルの操作量及びテールロータピッチの変位量，サイクリックレバーの操作量及びサイクリックピッチの変位量並びにコレクティブレバーの操作量及びコレクティブピッチの変位量） ワ　各発動機の出力 カ　主ギアボックスの油圧 ヨ　主ギアボックスの油温 タ　主回転翼回転速度 レ　脚操作装置の選択位置又は脚の位置 ソ　自動操縦装置，発動機の出力の自動調整装置及び自動飛行制御装置の作動状況及び作動モード ツ　安定増大システムの作動状況

航空機の種別	装置
	ネ　航法装置の選択周波数(デジタル信号により入力できる場合に限る.)
	ナ　機上DME装置の指示量(デジタル信号により入力できる場合に限る.)
	ラ　グライドパスからの偏移量
	ム　コースラインからの偏移量
	ウ　マーカービーコンの通過
	キ　電波高度
	ノ　主警報装置の作動状況
	オ　各油圧システムの低圧警報装置の作動状況
	ク　航法データ(緯度及び経度並びに対地速度)(当該事項を入力できる場合に限る.)
	ヤ　機外つり下げ荷重
	マ　航空交通管制機関と連絡した時刻
	2　連続した最新の30分以上の音声を記録することができる操縦室用音声記録装置

2　飛行記録装置は，離陸に係る滑走を始めるときから着陸に係る滑走を終えるまでの間，常時作動させなければならない．

3　音声記録装置は，飛行の目的で発動機を始動させたときから飛行の終了後発動機を停止させるまでの間，常時作動させなければならない．

8.4.5　航空機の使用者が保存すべき記録

（法第61条第2項の航空機の使用者が保存すべき記録）

- 規　第149条の3　法第61条第2項の規定により，同項に規定する航空機の使用者が保存しなければならない記録は，飛行記録装置による記録であつて，次に掲げる運航（発動機を停止している間を除く.）に係るもの（記録された後60日を経過したものを除く.）とする．
  - 一　当該航空機が飛行機である場合にあつては，その航空機の最新の25時間の運航
  - 二　当該航空機が回転翼航空機である場合にあつては，その航空機の最新の10時間の運航

> **Key-28** 飛行記録装置及び操縦室用音声記録装置
>
> (1) 飛行記録装置 は 滑走 ，音声記録装置 は 発動機 と憶える．
> - 飛行記録装置は，離陸に係る 滑走 を始めるときから着陸に係る 滑走 を終えるまでの間，常時作動 させなければならない．←滑走によりこの記録装置が記録するデータが変化し，それを記録するため．
> - 音声記録装置 は，飛行の目的で 発動機 を始動させたときから飛行の終了後 発動機 を停止させるまでの間，常時作動 させなければならない．←発動機を始動すると，通話・通信機器が作動し，整備員，管制官との通話・通信が可能になりそれを記録するため．
>
> (2) 運航の記録の保存時間
> - 飛行機：最新の 25 時間
> - 回転翼航空機：最新の 10 時間
> - 記録された後 60 日 を経過したものは除く
>
> (3) だれが保存するのか
> - 航空機の 使用者

演 習 問 題

問 1 航空機に表示しなければならない事項で次のうち誤っているものはどれか
(1) 国籍（記号） (2) 登録記号
(3) 所有者の氏名又は名称 (4) 使用者の名称　　　　　　（☆☆☆☆☆）

問 2 航空機に表示しなければならない事項で次のうち正しいものはどれか．
(1) 国籍番号 (2) 登録番号　　　　　　　　　　　　　　　（☆☆）
(3) 所有者の氏名又は名称 (4) 所有者［使用者］の氏名及び住所

問 3 登録記号について，次のうち正しいものはどれか．
(1) 登録記号は，装飾体でない4個のアラビア数字のみで表示しなければならない．
(2) 登録記号は，装飾体でない4個のアラビア数字又はローマ字の小文字で表示しなければならない．
(3) 登録記号は，装飾体でない4個のアラビア数字又はローマ字の大文字で表示しなければならない．

(4) 登録記号は，装飾体でないアラビア数字とローマ字で自由に組み合わせて，表示できる．

問4　国籍記号及び登録記号の表示の方法及び場所について誤っているのは次のうちどれか．
(1) 国籍は装飾体でないローマ字の大文字JAで表示しなければならない．
(2) 飛行機の主翼面にあつては左右の最上面及び最下面に表示するものとする．
(3) 回転翼航空機の場合は胴体底面及び胴体側面に表示する．
(4) 登録記号は装飾体でない4個のアラビア数字又はローマ字の大文字で表示しなければならない．　　　　　　　　　　　　　　　　　　（☆☆☆☆☆☆）

問5　国籍記号，登録記号の表示場所について次のうち正しいものはどれか．
(1) 回転翼航空機にあつては胴体側面に表示する．
(2) 飛行機の主翼にあつては右最上面，左最下面に表示する．
(3) 客席数が60席以上の飛行機の主翼にあつては国籍記号，登録記号の他，左最上面，右最下面に日の丸を表示する．
(4) 飛行船にあつては垂直安定板面に表示する．

問6　次の記述について正しいものはどれか．
(1) 識別板は耐火性材料で作り出入口の見やすい場所に取り付けなければならない．
(2) 国籍等の表示は主翼面にあつては右最下面，左最上面に表示しなければならない．
(3) 識別板には航空機の製造者及び航空機の型式を打刻しなければならない．
(4) 航空機の国籍はローマ字の大文字Jで表示される．　　　　　　　（☆☆）

問7　国籍等の表示について正しいものは次のうちどれか．
(1) 耐火性材料で作った識別板を出入り口の見やすい場所に取り付けなければならない．
(2) 主翼面にあつては右最下面，左最上面に表示しなければならない．
(3) 識別板には航空機の製造者および航空機の型式を表示しなければならない．
(4) 航空機の国籍はローマ字の大文字Jで表示される．　　　　　　　（☆☆☆☆）

問8　航空日誌について正しいものは次のどれか．
(1) 航空法で規定されている航空日誌は搭載用航空日誌と地上備え付け用航空日誌

の2種類ある.
(2) 機体に関する修理を実施した場合，その実施記録はすべての航空日誌に必要である.
(3) 搭載用航空日誌には発動機の装備替えの記録を書く必要はない.
(4) 航行に関する記録が必要なものは搭載用航空日誌のみである.　　　　（☆☆☆）

問9　航空日誌について正しいものは次のうちどれか.
(1) 航空法で規定されている航空日誌は全部で5種類ある.
(2) 滑空機には航空日誌を搭載しなくても良い[が免除されている].
(3) 搭載用航空日誌には発動機に関する記録を書く必要はない.
(4) 地上備え付け用プロペラ航空日誌には，装着する発動機の型式も記載する.
　　　　　　　　　　　　　　　　　　　　　　　　　　　　　　　（☆☆）

問10　施行規則で定められた航空日誌の種類について次のうち正しいものはどれか.
(1) 搭載用航空日誌，滑空機用航空日誌
(2) 搭載用航空日誌，地上備え付け用航空日誌，搭載用滑空機航空日誌
(3) 搭載用航空日誌，地上備え付け用発動機航空日誌，地上備え付け用プロペラ航空日誌，地上備え付け用ローター航空日誌，
(4) 搭載用航空日誌，地上備え付け用発動機航空日誌，地上備え付け用プロペラ航空日誌，滑空機用航空日誌　　　　　　　　　　　　　　（☆☆☆☆）

問11　航空機の使用者が備えなければならない航空日誌の種類として正しいものは次のうちどれか.
(1) 搭載用航空日誌
(2) 搭載用航空日誌又は滑空機用航空日誌
(3) 搭載用航空日誌，地上備え付け用発動機航空日誌，地上備え付け用プロペラ航空日誌，地上備え付け用主回転翼航空日誌
(4) 搭載用航空日誌，地上備え付け用発動機航空日誌及び地上備え付け用プロペラ航空日誌又は滑空機用航空日誌

問12　航空機の使用者が備えなければならない航空日誌の種類として正しいものは次のうちどれか.
(1) 搭載用航空日誌

(2) 搭載用航空日誌又は滑空機用航空日誌
(3) 搭載用航空日誌，地上備え付け用発動機航空日誌及び地上備え付け用プロペラ航空日誌又は滑空機用航空日誌
(4) 搭載用航空日誌，地上備え付け用発動機航空日誌，及び地上構え付け用プロペラ航空日誌又は地上備え付け用主回転翼航空日誌

問13 搭載用航空日誌に記載すべき事項として次のうち誤っているものはどれか．
(1) 発動機及びプロペラの型式　　(2) 航空機の重量及び重心位置
(3) 出発地及び出発時刻　　　　　(4) 航行目的または便名
(5) プロペラを装備換えした場合は実施した年月日及び場所

問14 搭載用航空日誌に記載すべき事項に含まれていないものは次のうちどれか．
(1) 航空機の国籍，登録記号　　　(2) 耐空類別及び耐空証明書番号
(3) 重量及び重心位置　　　　　　(4) 発動機及びプロペラの型式
　　　　　　　　　　　　　　　　　　　　　　　　　　（☆☆☆☆☆）

問15 次のうち，搭載用航空日誌に記載すべき事項として定められていないものはどれか．
(1) 耐空類別及び耐空証明書番号　(2) 最大離陸重量
(3) 航空機の製造年月日　　　　　(4) 航空機の登録年月日
(5) プロペラの型式
　　　　　　　　　　　　　　　　　　　　　　　　　　　　　（☆☆）

問16 次のうち，搭載用航空日誌に記載すべき事項として定められていないものはどれか．
(1) 航空機の種類，型式及び型式証明番号
(2) 航空機の製造者，製造番号及び製造年月日
(3) 発動機及びプロペラの装備換えに関する記録
(4) 修理，改造又は整備の実施に関する記録
(5) 搭載した貨物の重量並びに乗員及び乗客数

問17 搭載用航空日誌に記載すべき事項として次のうち誤っているものはどれか．
(1) 耐空類別及び耐空証明書番号　(2) 運航管理者の署名
(2) 航空機の製造年月日　　　　　(4) 航行目的または便名
(5) プロペラの型式

問18　搭載用航空日誌に記載すべき事項に含まれていないものは次のうちどれか．
(1) 航空機の国籍，登録記号　　　(2) 耐空類別及び耐空証明書番号
(3) 重量及び重心位置　　　　　　(4) 発動機及びプロペラの型式

問19　搭載用航空日誌に記載すべき事項として次のうち誤っているものはどれか．
(1) 耐空類別及び耐空証明書番号　(2) 運航管理者の署名
(3) 航空機の製造年月日　　　　　(4) 航行目的または便名
(5) プロペラの型式

問20　航空日誌に国土交通省令で定める事項を記載する時期として次のうち誤っているものはどれか．
(1) 航空機を航空の用に供したとき　(2) 航空機を修理したとき
(3) 耐空証明検査に合格したとき　　(4) 航空機を改造したとき　　　　（☆☆☆）

問21　航空機に航空日誌を備える義務を有する者は次のだれか．
(1) (当該航空機の)機長　　　　　(2) (航空機の)所有者
(3) (航空機の)使用者　　　　　　(4) 航空整備士[航空従事者]　　　（☆☆）

問22　航空機に備え付ける書類について正しいもの(だけを含むグループ)はどれか．但し，必要なものすべてを記してはいない．
(1) 航空機登録証明書，運用限界等指定書，発動機航空日誌
(2) 耐空証明書，運航規程，型式証明書
(3) 搭載用航空日誌，飛行規程，運用限界等指定書
(4) 耐空証明書，型式証明書，航空機登録証明書　　　　　　　　　（☆☆☆☆☆☆）

問23　航空機を航空の用に供する場合に備え付けるべき書類として，次のうち誤りはどれか．
(1) 型式証明書　　　　　　　　　(2) 航空機登録証明書
(3) 耐空証明書　　　　　　　　　(4) 運用限界等指定書　　　　　　（☆☆☆☆）

問24　航空機に備え付けなければならない書類で次のうち誤っているものはどれか．
(1) 飛行規程　　　　　　　　　　(2) 運用許容規程
(3) 搭載用航空日誌　　　　　　　(4) 航空機登録証明書　　　　　　（☆☆）

問25 滑空機以外の航空機に備え付けなければならない書類で次のうち誤っているものはどれか．
(1) 耐空証明書　　　　　　　　(2) 搭載用航空日誌
(3) 航空機登録証明書　　　　　(4) 型式証明書

問26 航空機(国土交通省令で定める航空機を除く)に備え付けなければならない書類で次のうち誤っているものはどれか．
(1) 耐空証明書　　　　　　　　(2) 搭載用航空日誌
(3) 発動機航空日誌　　　　　　(4) 航空機登録証明書　　　　　(☆☆)

問27 航空機に備え付けなければならない書類で次のうち誤っているものはどれか．
(1) 耐空証明書　　　　　　　　(2) 搭載用航空日誌
(3) 航空機登録証明書　　　　　(4) 発動機航空日誌

問28 下記の文中(　)内に入る適切な語句はどれか．
　国土交通省令で定める航空機には，国土交通省令で定めるところにより航空機の(　)を測定するための装置，無線電話その他の航空機の安全を確保するために必要な装置を装備しなければ，これを航空の用に供してはならない．
(1) 姿勢，高度，位置又は針路　　(2) 姿勢，高度又は位置
(3) 姿勢，高度，位置又は速度　　(3) 姿勢，高度又は速度

問29 航空機が計器飛行を行う場合に装備しなければならない装置について次のうち正しいものはどれか．
(1) 昇降計，ジャイロ式旋回計，方向探知機
(2) 精密高度計，ジャイロ式旋回計，ILS受信装置
(3) 外気温度計，ジャイロ式姿勢指示器，気象レーダー
(4) 機上DME装置，VOR受信装置，ILS受信装置　　　　　(☆☆☆☆☆)

問30 飛行記録装置について次のうち正しいものはどれか．
(1) 発動機の始動から停止までの間，常時作動させなければならない．
(2) 連続して記録することができ，かつ，記録したものを30分以上残しておくことができなければならない．　　　　　(☆☆☆☆☆☆☆☆☆)
(3) 離陸滑走から着陸滑走を終える間，常時作動させなければならない．

((4) 最大離陸重量 15,000 kg 以上の航空機に限り装備しなければならない．)

問 31 飛行記録装置について正しいものは次のうちどれか．
(1) 使用者は，その航空機の最新の 10 (20) (100) 時間の運航に係る記録を保存しなければならない．
(2) 連続して記録することができ，かつ，記録したものを 30 分以上残しておくことができなくてはならない．
(3) 離陸に係る滑走を始めるときから着陸に係る滑走を終えるまでの間，常時作動させなければならない．　　　　　　　　　　　　　　　　　　　（☆☆☆☆☆）
(4) 最大離陸重量 15,000 kg 以上の航空機に限り装備しなければならない．

問 32 航空機の運航の状況を記録する操縦室用音声記録装置について正しいものは次のうちどれか．
(1) 最大離陸重量 15,000 kg 以上の航空機に限り装備しなければならない．
(2) 飛行の目的で発動機を始動させたときから，飛行終了後発動機を停止させるまでの間，常時作動させなければならない．
(3) 離陸滑走を始めるときから，着陸に係る滑走を終えるまでの間，常時作動させなければならない．
(4) 記録した音声を 60 分以上残しておくことができなければならない．（☆☆☆☆）

問 33 操縦室用音声記録装置の作動時期について次のうち正しいものはどれか．
(1) 飛行の目的で電源を投入したときから，飛行の終了後電源を遮断するまでの間，常時作動させなければならない．
(2) 飛行の目的で発動機を始動させたときから，飛行の終了後発動機を停止させるまでの間，常時作動させなければならない．
(3) 飛行の目的で駐機場を移動させたときから，飛行の終了後駐機場に停止させるまでの間，常時作動させなければならない．
(4) 離陸滑走を始めたときから，着陸に係る滑走を終えるまでの間，常時作動させなければならない．
　　　　　　　　　　　　　　　　　　　　　　　　　　　　　　　　（☆☆）

第 9 章　航空機の運航（2）

　本章では航空法の「第 6 章 航空機の運航」の中の救急用具および航空機の燃料，航空機の灯火等について説明します．

9.1　救　急　用　具

　この節では航空の用に供するために装備しなければならない救急用具の種類と点検期間について説明します．また救急用具の中の特定救急用具の種類とその検査内容について説明します．

9.1.1　救　急　用　具

> （救急用具）
> ・法　第 62 条　国土交通省令で定める航空機には，落下傘，救命胴衣，非常信号灯その他の国土交通省令で定める救急用具を装備しなければ，これを航空の用に供してはならない．

> （救急用具）
> ・規　第 150 条　航空機は，次の表に掲げるところにより，救急用具を装備しなければこれを航空の用に供してはならない．

	区分	品目	数量	条件
1	イ　多発の飛行機（航空運送事業の用に供するものに限る．）であつて次のいずれかに該当するものが，緊急着陸に適した陸岸から巡航速度で 2 時間に相当する飛行距離又は 740 キロメートルのいずれか短い距離以上離れた水上を飛行	非常信号灯 防水携帯灯 救命胴衣又はこれに相当する救急用具 救命ボート（ハ又はニに該当する航空機のうち，旅客を運送	1 1 搭乗者全員の数	1．救命胴衣又はこれに相当する救急用具は，各座席から取りやすい場所に置き，その所在及び使用方法を旅客に明らかにしておかなければな

区分		品目	数量	条件
	する場合 (1) 臨界発動機が不作動の場合にも運航規程に定める最低安全飛行高度を維持して飛行し目的の飛行場又は代替飛行場に着陸できるもの (2) 2発動機が不作動の場合にも緊急着陸に適した飛行場に着陸できるもの ロ　多発の飛行機(航空運送事業の用に供するものを除く.)であつて1発動機が不作動の場合にも緊急着陸に適した飛行場に着陸できるものが, 緊急着陸に適した陸岸から370キロメートル以上離れた水上を飛行する場合 ハ　多発の回転翼航空機が緊急着陸に適した陸岸から巡航速度で10分に相当する飛行距離以上離れた水上を飛行する場合 ニ　単発の回転翼航空機がオートロテイションにより陸岸に緊急着陸することが可能な地点を越えて水上を飛行する場合 ホ　イからニまで以外の航空機が緊急着陸に適した陸岸から巡航速度で30分に相当する飛行距離又は185キロメートルのいずれか短い距離以上離れた水上を飛行する場合	する航空運送事業の用に供するもの以外のものであつて, 緊急着陸に適した陸岸から巡航速度で30分に相当する飛行距離又は185キロメートルのいずれか短い距離以上離れた水上を飛行しないものを除く.) 救急箱 非常食糧 航空機用救命無線機 緊急用フロート(ハ又はニに該当する航空機のうち, 旅客を運送する航空運送事業の用に供するもの及び緊急着陸に適した陸岸から巡航速度で30分に相当する飛行距離又は185キロメートルのいずれか短い距離以上離れた水上を飛行するものに限る.)	 1 搭乗者全員の3食分 1 (航空運送事業の用に供する飛行機及び旅客を運送する航空運送事業の用に供する回転翼航空機にあつては, 2)	らない. 2. 救命ボートは, 搭乗者全員を収容できるものでなければならない. 3. 救急箱には, 医療品一式を入れておかなければならない. 4. 航空機用救命無線機は, 121.5メガヘルツの周波数の電波及び406メガヘルツの周波数の電波を同時に送ることができるものでなければならない. 5 旅客を運送する航空運送事業の用に供する回転翼航空機に装備する航空機用救命無線機の1は, 救命ボートに装備しなければならない. 6. 緊急用フロートは, 安全に着水できるものでなければならない.
2	イ　多発の飛行機(航空運送事業の用に供するものに限る.)であつて次のいずれかに該当するものが, 緊急着陸に適した陸岸から93キロメートル以上離れた水上を飛行する場合 (1) 臨界発動機が不作動の場合にも運航規程に定める最低安全飛行高度を維持して飛行し目的の飛行場又は代替飛行場に着陸できるもの	非常信号灯 防水携帯灯 救命胴衣又はこれに相当する救急用具 救急箱	1 1 搭乗者全員の数 1	

区分		品目	数量	条件
	(2) 2発動機が不作動の場合にも緊急着陸に適した飛行場に着陸できるもの ロ 多発の航空機(回転翼航空機及び航空運送事業の用に供する飛行機を除く.)が，緊急着陸に適した陸岸から93キロメートル以上離れた水上を飛行する場合 ハ イ以外の多発の飛行機(航空運送事業の用に供するものに限る.)及び単発の航空機(回転翼航空機を除く.)が，滑空により陸岸に緊急着陸することが可能な地点を越えて水上を飛行する場合 ニ 離陸又は着陸の経路が水上に及ぶ場合			
3	1 及び2に掲げる飛行以外の飛行をする場合	非常信号灯 携帯灯 救命胴衣又はこれに相当する救急用具(水上機に限る.) 救急箱	1 1 搭乗者全員の数 1	

2　航空運送事業の用に供する航空機(法第4条第1項各号に掲げる者が経営する航空運送事業の用に供するものを除く.)であつて客席数が60を超えるものには，救急の用に供する 医薬品 及び 医療用具 を装備しなければならない．

3　次に掲げる航空機には，搭乗者全員が使用することのできる数の 落下傘 を装備しなければならない．

一　法第11条第1項ただし書(同条第3項，法第16条第3項及び法第19条第3項において準用する場合を含む.)の許可を受けて飛行する航空機であつて国土交通大臣が指定したもの

二　第197条の3に規定する曲技飛行を行う航空機

4　国土交通大臣が告示で指定する航空機は，捜索及び救難が困難な区域として国土交通大臣が告示で指定する区域の上空を飛行する場合には，121.5 メガヘルツの周波数の電波及び 406 メガヘルツの周波数の電波を同時に送ることができる航空機用救命無線機を装備しなければならない．

Key-29　全ての航空機に共通して装備すべき救急用具

(1) 非常信号灯　　(2) 携帯灯（防水ではない）　　(3) 救急箱

9.1.2　救急用具の点検

・規　第 151 条　航空機に装備する救急用具は，次に掲げる期間ごとに点検しなければならない．ただし，航空運送事業の用に供する航空機に装備するものにあつては，当該航空運送事業者の整備規程に定める期間とする．
　一　落下傘　60 日
　二　非常信号灯，携帯灯及び防水携帯灯　60 日
　三　救命胴衣，これに相当する救急用具及び救命ボート　180 日
　四　救急箱　60 日
　五　「非常食糧　180 日
　六　航空機用救命無線機　12 月

9.1.3　特定救急用具の検査

（特定救急用具の検査）
・規　第 152 条　第 150 条の規定により航空機に装備しなければならない 非常信号灯， 救命胴衣， これに相当する救急用具， 救命ボート， 航空機用救命無線機 及び 落下傘 （以下「 特定救急用具 」という．）は，その性能及び構造について国土交通大臣の検査に合格したものでなければならない．ただし型式について国土交通大臣の承認を受けたもの並びに自衛隊の使用する航空機に装備するものでその性能及び構造について防衛庁長官が適当であると認めたものについては，この限りでない．

2　前項ただし書の型式の承認を申請しようとする者は，特定救急用具型式承認申請書（第28号の3様式）を国土交通大臣に提出しなければならない．

3　第1項ただし書の型式の承認は，申請者に特定救急用具型式承認書（第28号の4様式）を交付することによって行う．

4　国土交通大臣は，第1項ただし書の承認を受けた型式の特定救急用具の安全性若しくは均一性が確保されていないと認められるとき又は当該特定救急用具が用いられていないと認められるときは，当該承認を取り消すことができる．

5　第1項ただし書の承認を受けた型式の特定救急用具を製造する者は，当該特定救急用具に同項ただし書の承認を受けた旨の表示を行わなければならない．

6　前項の規定により行うべき表示の方法については，第3項の特定救急用具型式承認書において指定する．

Key-30　特定救急用具 ── その性能および構造について国土交通大臣の検査に合格する要のあるもの．

(1) 非常信号灯　(2) 救命胴衣またはこれに相当する救急用具
(3) 救命ボート　(4) 航空機用救命無線機　(5) 落下傘
（これらは遭難等の非常時に使うもので，人命に深く関係するため特定救急用具とされた．）

Key-31　救急用具の点検期間

非常信号灯，（防水）携帯灯，救急箱，落下傘	60日
救命胴衣これに相当する救急用具，救命ボート，非常食糧	180日
航空機用救命無線機	12か月

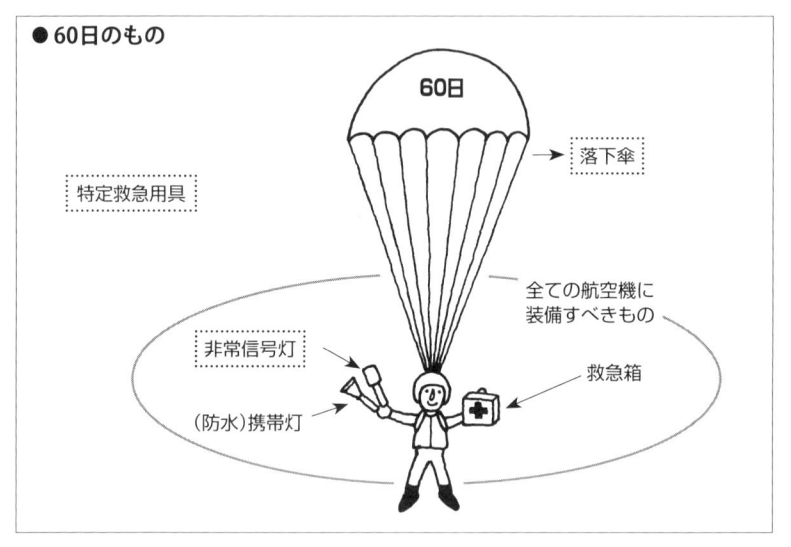

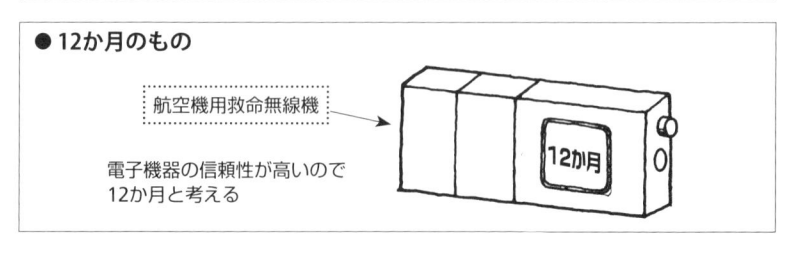

● 60日のもの

- 落下傘
- 特定救急用具
- 非常信号灯
- （防水）携帯灯
- 救急箱
- 全ての航空機に装備すべきもの

● 180日のもの

- 救命胴衣これに相当する救急用具
- 非常食糧
- 救命ボート

● 12か月のもの

- 航空機用救命無線機

電子機器の信頼性が高いので12か月と考える

9.2 航空機の燃料

この節では航空運送事業の用に供する場合又は計器飛行方式により飛行しようとする場合の必要搭載燃料について説明します．

> （航空機の燃料）
> ・法　第 63 条　航空機は，**航空運送事業の用に供する場合又は計器飛行方式により飛行しようとする場合**において，国土交通省令で定める量の燃料を携行しなければ，これを出発させてはならない．

（航空機の燃料）
・規　第 153 条　法第 63 条の規定により，航空機の携行しなければならない燃料の量は，次の表の左欄に掲げる区分に応じ，それぞれ同表の右欄に掲げる燃料の量とする．

区分		燃料の量
1　航空運送事業の用に供するターボジェット発動機又はターボファン発動機を装備した飛行機	計器飛行方式により飛行しようとするものであつて，代替飛行場を飛行計画に表示するもの	次に掲げる燃料の量のうちいずれか少ない量 1　着陸地までの飛行を終わるまでに要する燃料の量に，当該着陸地から代替飛行場（代替飛行場が二以上ある場合にあつては，当該着陸地からの距離が最も長いもの．以下この表において同じ．）までの飛行を終わるまでに要する燃料の量，当該代替飛行場の上空 450 メートルの高度で 30 分間待機することができる燃料の量及び不測の事態を考慮して国土交通大臣が告示で定める燃料の量を加えた量 2　着陸地までの航路上の地点を経由して代替飛行場までの飛行を終わるまでに要する燃料の量に，当該代替飛行場の上空 450 メートルの高度で 30 分間待機することができる燃料の量及び不測の事態を考慮して国土交通大臣が告示で定める燃料の量を加えた量（当該着陸地までの飛行を終わるまでに要する燃料の量に，巡航高度で 2 時間飛行することができる燃料の量を加えた量を下回らない場合に限る．）
	計器飛行方式により飛行しようとするものであつて，代替飛行場を飛行計画に表示しないもの	着陸地までの飛行を終わるまでに要する燃料の量に，当該着陸地の上空 450 メートルの高度で 30 分間待機することができる燃料の量及び不測の事態を考慮して国土交通大臣が告示で定める燃料の量を加えた量（代替飛行場に適した飛行場がない場合にあつては，当該着陸地までの飛行を終わるまでに要する燃料の量に，巡航高度で 2 時間飛行することができる燃料の量を加えた量）

区分		燃料の量
	有視界飛行方式により飛行しようとするもの	着陸地までの飛行を終わるまでに要する燃料の量に，次に掲げる燃料の量を加えた量 1 **夜間**において飛行しようとする場合にあつては，**巡航高度で45分間**飛行することができる燃料の量 　　「○○○部」が**出題** 2 **昼間**において飛行しようとする場合にあつては，**巡航高度で30分間**飛行することができる燃料の量
2 航空運送事業の用に供するプロペラ飛行機	計器飛行方式により飛行しようとするものであつて，代替飛行場を飛行計画に表示するもの	次に掲げる燃料の量のうちいずれか少ない量 1 着陸地までの飛行を終わるまでに要する燃料の量に，当該着陸地から代替飛行場までの飛行を終わるまでに要する燃料の量及び巡航高度で45分間飛行することができる燃料の量を加えた量 2 着陸地までの航路上の地点を経由して代替飛行場までの飛行を終わるまでに要する燃料の量に，巡航高度で45分間飛行することができる燃料の量を加えた量（当該着陸地までの飛行を終わるまでに要する燃料の量に，巡航高度で45分間飛行することができる燃料の量及び当該着陸地までの飛行における巡航高度を飛行する時間の15パーセントに相当する時間を飛行することができる燃料の量又は巡航高度で2時間飛行することができる燃料の量のうちいずれか少ない量を加えた量を下回らない場合に限る.）
	計器飛行方式により飛行しようとするものであつて，代替飛行場を飛行計画に表示しないもの	着陸地までの飛行を終わるまでに要する燃料の量に，巡航高度で45分間飛行することができる燃料の量を加えた量（代替飛行場に適した飛行場がない場合にあつては，当該着陸地までの飛行を終わるまでに要する燃料の量に，巡航高度で45分間飛行することができる燃料の量及び当該着陸地までの飛行における巡航高度を飛行する時間の15パーセントに相当する時間を飛行することができる燃料の量又は巡航高度で2時間飛行することができる燃料の量のうちいずれか少ない燃料の量を加えた量）
	有視界飛行方式により飛行しようとするもの	着陸地までの飛行を終わるまでに要する燃料の量に，次に掲げる燃料の量を加えた量 1 **夜間**において飛行しようとする場合にあつては，**巡航高度で45分間**飛行することができる燃料の量 2 **昼間**において飛行しようとする場合にあつては，**巡航高度で30分間**飛行することができる燃料の量 　　「○○○部」が**出題**

区分		燃料の量
3 航空運送事業の用に供する回転翼航空機	計器飛行方式により飛行しようとするものであつて，代替飛行場を飛行計画に表示するもの	着陸地までの飛行を終わるまでに要する燃料の量に，当該着陸地から代替飛行場までの飛行を終わるまでに要する燃料の量，当該代替飛行場の上空450メートルの高度で30分間待機することができる燃料の量及び不測の事態を考慮して国土交通大臣が告示で定める燃料の量を加えた量
	計器飛行方式により飛行しようとするものであつて，代替飛行場を飛行計画に表示しないもの	着陸地までの飛行を終わるまでに要する燃料の量に，当該着陸地の上空450メートルの高度で30分間待機することができる燃料の量及び不測の事態を考慮して国土交通大臣が告示で定める燃料の量を加えた量(代替飛行場に適した飛行場がない場合にあつては，当該着陸地までの飛行を終わるまでに要する燃料の量に，当該着陸地の上空において2時間待機することができる燃料の量を加えた量)
	有視界飛行方式により飛行しようとするもの	着陸地までの飛行を終わるまでに要する燃料の量に，最も長い距離を飛行することができる速度で20間飛行することができる燃料の量，当該着陸地までの飛行を終わるまでに要する時間の10パーセントに相当する時間を飛行することができる燃料の量及び不測の事態を考慮して国土交通大臣が告示で定める燃料の量を加えた量
4 計器飛行方式により飛行しようとする飛行機(航空運送事業の用に供するものを除く.)	代替飛行場を飛行計画に表示するもの	着陸地までの飛行を終わるまでに要する燃料の量に，当該着陸地から代替飛行場までの飛行を終わるまでに要する燃料の量及び巡航高度で45分間飛行することができる燃料の量を加えた量
	代替飛行場を飛行計画に表示しないもの	着陸地までの飛行を終わるまでに要する燃料の量に，巡航高度で45分間飛行することができる燃料の量を加えた量
5 計器飛行方式により飛行しようとする回転翼航空機(航空運送事業の用に供するものを除く.)	代替飛行場を飛行計画に表示するもの	着陸地までの飛行を終わるまでに要する燃料の量に，当該着陸地から代替飛行場までの飛行を終わるまでに要する燃料の量，当該代替飛行場の上空450メートルの高度で30分間待機することができる燃料の量及び不測の事態を考慮して国土交通大臣が告示で定める燃料の量を加えた量

区分	燃料の量
代替飛行場を飛行計画に表示しないもの	着陸地までの飛行を終わるまでに要する燃料の量に，当該着陸地の上空450メートルの高度で30分間待機することができる燃料の量及び不測の事態を考慮して国土交通大臣が告示で定める燃料の量を加えた量（代替飛行場に適した飛行場がない場合にあつては，当該着陸地までの飛行を終わるまでに要する燃料の量に，当該着陸地の上空において2時間待機することができる燃料の量を加えた量）

必要搭載燃料量の規定はこのように複雑です．学科試験で100点満点を取ろうと勉強している人以外は出題頻度もそれ程多くないので過去問について記憶しておくのも一つの選択です．

9.3 航空機の灯火

本節では夜間の航行または飛行場に停留する場合の灯火の規定について説明します．

（航空機の灯火）
- 法　第64条　航空機は，夜間（日没から日出までの間をいう，以下同じ．）において航行し，又は夜間において使用される飛行場に停留する場合には，国土交通省令で定めるところによりこれを**灯火で表示しなければならない**．但し，水上にある場合については，海上衝突予防法（昭和52年法律第62号）の定めるところによる．

（航空機の灯火）
- 規　第154条　法第64条の規定により，航空機が，**夜間において空中及び地上を航行する場合には**，衝突防止灯，右舷灯，左舷灯及び尾灯で当該航空機を表示しなければならない．ただし，航空機が牽引されて地上を航行する場合において牽引車に備え付けられた灯火で当該航空機を表示するとき又は自機若しくは他の航空機の航行に悪影響を及ぼすおそれがある場合において右舷灯，左舷灯及び尾灯で当該航空機を表示するときは，この限りでない．

・規　第157条　法第64条の規定により，航空機が，夜間において使用される飛行場に**停留する場合には**，次に掲げる区分に従って，当該航空機を表示しなければならない．
　　一　飛行場に航空機を照明する施設のあるときは，当該施設
　　二　前号の施設のないときは，当該航空機の 右舷灯 ，左舷灯 及び 尾灯

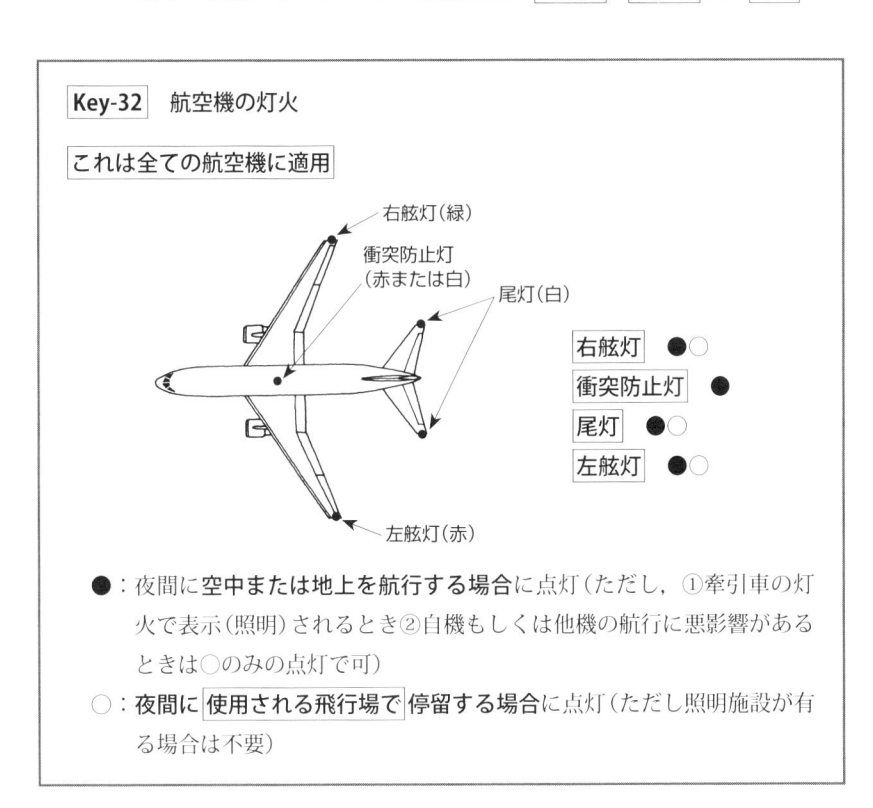

Key-32　航空機の灯火

これは全ての航空機に適用

右舷灯（緑）
衝突防止灯（赤または白）
尾灯（白）
左舷灯（赤）

右舷灯	●	○
衝突防止灯	●	
尾灯	●	○
左舷灯	●	○

●：夜間に**空中または地上を航行する場合**に点灯（ただし，①牽引車の灯火で表示(照明)されるとき②自機もしくは他機の航行に悪影響があるときは○のみの点灯で可）

○：夜間に 使用される飛行場で 停留する場合に点灯（ただし照明施設が有る場合は不要）

9.4　航空従事者の携帯する書類

　本節では航空従事者が航空業務を行う場合に携帯しなければならない書類について説明します．

（航空従事者の携帯する書類）
・法　第67条　航空従事者は，その航空業務を行う場合には，技能証明書を携帯しなければならない．
　2　航空従事者は，航空機に乗り組んでその航空業務を行う場合には，技能証明書の外，航空身体検査証明書を携帯しなければならない．

準Key-6　技能証明書の携帯義務
航空業務を行う場合に携帯する必要がある

9.5　機長の出発前の確認

本節では機長の出発前の確認すべき事項について説明します．

（出発前の確認）
・法　第73条の2　機長は国土交通省令で定めるところにより，航空機が航行に支障がないことその他運航に必要な準備が整っていることを確認した後でなければ，航空機を出発させてはならない．

準Key-7　機長の出発前の確認義務
　航空機が航行に支障がないことその他の運航に必要な準備が整っていることを出発前に確認することは機長の義務になっている．

9.6　地上移動

本節では航空機の飛行場内における地上移動の基準について説明します．

（地上移動）
- 規　第188条　航空機は，飛行場内において地上を移動する場合には，次の各号に掲げる基準に従って移動しなければならない．
  - 一　前方を十分に監視すること．
  - 二　動力装置を制御すること又は制動装置を軽度に使用することにより，速かに且つ安全に停止することができる速度であること．
  - 三　航空機その他の物件と衝突のおそれのある場合は，地上誘導員を配置すること．

9.7　爆発物等の輸送禁止

本節では爆発物等の航空機での輸送および持ちこみの禁止について説明します．

（爆発物等の輸送禁止）
- 法　第86条　**爆発性**又は**易燃性**を有する物件その他**人に危害を与え**，又は**他の物件を損傷する**おそれのある物件で国土交通省令で定めるものは，航空機で輸送してはならない．
  2　何人も，前項の物件を**航空機内に持ち込んではならない**．

準Key-8　次の物件は輸送禁止

(1) 爆発性または易燃性　　(2) 人に危害を与えるもの
(3) 他の物件を損傷するもの

（輸送禁止の物件）
- 規　第194条　法第86条第1項の国土交通省令で定める物件は，次に掲げるものとする．
  - 一　火薬類　火薬，爆薬，火工品その他の爆発性を有する物件
  - 二　高圧ガス　摂氏50度で絶対圧力300キロパスカルを超える蒸気圧を持

つ物質又は摂氏 20 度で絶対圧力 101.3 キロパスカルにおいて完全に気体となる物質であつて，次に掲げるものをいう．
 イ 引火性ガス 摂氏 20 度で絶対圧力 101.3 キロパスカルにおいて，空気と混合した場合の爆発限界の下限が 13 パーセント以下のもの又は爆発限界の上限と下限の差が 12 パーセント以上のもの
 ロ 毒性ガス 人が吸入した場合に強い毒作用を受けるもの
 ハ その他のガス イ又はロ以外のガスであつて，液化ガス又は摂氏 20 度でゲージ圧力 200 キロパスカル以上となるもの
三 引火性液体 引火点（密閉式引火点測定法による引火点をいう．以下同じ．）が摂氏 60 度以下の液体（引火点が摂氏 35 度を超える液体であつて，燃焼継続性がないと認められるものが当該引火点未満の温度で輸送される場合を除く．）又は引火点が摂氏 60 度を超える液状の物質（当該引火点未満の温度で輸送される場合を除く．）
四 可燃性物質類 次に掲げるものをいう．
 イ 可燃性物質 火気等により容易に点火され，かつ，火災の際これを助長するような易燃性の物質
 ロ 自然発火性物質 通常の輸送状態で，摩擦，湿気の吸収，化学変化等により自然発熱又は自然発火しやすい物質
 ハ 水反応可燃性物質 水と作用して引火性ガスを発生する物質
五 酸化性物質類 次に掲げるものをいう．
 イ 酸化性物質 他の物質を酸化させる性質を有する物質であつて，有機過酸化物以外のもの
 ロ 有機過酸化物 容易に活性酸素を放出し他の物質を酸化させる性質を有する有機物質
六 毒物類 次に掲げるものをいう．
 イ 毒物 人がその物質を吸入し，皮膚に接触し，又は体内に摂取した場合に強い毒作用又は刺激を受ける物質
 ロ 病毒を移しやすい物質 病原体及び病原体を含有し，又は病原体が付着していると認められる物質
七 放射性物質等 放射性物質（電離作用を有する放射線を自然に放射する物質をいう．）及びこれによつて汚染された物件（告示で定める物質及び物件を除く．）

八 腐食性物質 生物体の組織と接触した場合に化学反応により組織に激しい危害を与える物質又は漏えいの場合に航空機の機体，積荷等に物質的損害を与える物質
九 その他の有害物件 前各号に掲げる物件以外の物件であつて人に危害を与え，又は他の物件を損傷するおそれのあるもの（告示で定めるものに限る．）
十 凶器 鉄砲，刀剣その他人を殺傷するに足るべき物件
2 前項の規定にかかわらず，次の各号に掲げる物件は法第86条第1項の国土交通省令で定める物件に含まれないものとする．
一 告示で定める物件（放射性物質等を除く．）であつて次に掲げるところに従つて輸送するもの
　イ 告示で定める技術上の基準に従うこと．
　ロ 告示で定める物件にあつては，その容器又は包装が告示で定める安全性に関する基準に適合していることについて国土交通大臣の行う検査に合格したものであること．ただし，当該容器又は包装が国土交通大臣が適当と認める外国の法令に定める基準に適合している場合にあつては，この限りでない．
二 告示で定める放射性物質等であつて次に掲げるところに従つて輸送するもの
　イ 告示で定める放射性物質等にあつては，次の(1)，(2)，(3)及び(4)に掲げる放射性物質等の区分に応じ，それぞれ次の(1)，(2)，(3)若しくは(4)に掲げる種類の放射性輸送物（放射性物質等が容器に収納され，又は包装されているものをいう．以下同じ．）とし，又は告示で定めるところにより国土交通大臣の承認を受けて次の(1)，(2)，(3)及び(4)に掲げる放射性輸送物以外の放射性輸送物とすること．この場合において，(1)，(2)又は(3)に掲げる放射性物質等のうち，(4)に掲げる放射性物質等に該当するものについては，(1)，(2)又は(3)に掲げる放射性輸送物に代えて(4)に掲げる放射性輸送物とすることができる．
　　(1) 危険性が極めて少ない放射性物質等として告示で定めるもの　L型輸送物
　　(2) 告示で定める量を超えない量の放射能を有する放射性物質等（(1)に

掲げるものを除く.) A 型輸送物
- (3) (2)の告示で定める量を超え，かつ，告示で定める量を超えない量の放射能を有する放射性物質等((1)に掲げるものを除く.) BM 型輸送物又は BU 型輸送物
- (4) 低比放射性物質(放射能濃度が低い放射性物質等であつて，危険性が少ないものとして告示で定めるものをいう.) 又は表面汚染物(放射性物質以外の固体であつて，表面が放射性物質によつて汚染されたもののうち，告示で定めるものをいう.) IP-1 型輸送物，IP-2 型輸送物又は IP-3 型輸送物

ロ 告示で定める放射性輸送物に関する技術上の基準その他の基準に従うこと.

ハ イ(3)に掲げる BM 型輸送物又は BU 型輸送物にあつては，ロの告示で定める放射性輸送物に関する技術上の基準に適合していることについて，積載前に，告示で定めるところにより国土交通大臣の確認を受けていること. ただし，本邦外から本邦内へ又は本邦外の間を輸送される BU 型輸送物のうち，告示で定める外国の法令による確認を受けたものについては，この限りでない.

ニ 告示で定める六フッ化ウランが収納され，又は包装されている放射性輸送物にあつては，告示で定める技術上の基準に適合していることについて，積載前に，告示で定めるところにより国土交通大臣の確認を受けていること.

ホ BM 型輸送物若しくは BU 型輸送物又はニに掲げる放射性輸送物にあつては，ロの告示で定める基準(放射性輸送物に関する技術上の基準に関するものを除く.)に適合していることについて，告示で定めるところにより国土交通大臣の確認を受けていること.

ヘ 防護のための措置が特に必要な放射性物質等として告示で定めるものが収納され，又は包装されている放射性輸送物にあつては，ロの告示で定める基準に適合していることについて，告示で定めるところにより国土交通大臣の確認を受けていること. この場合において，ロの告示で定める放射性輸送物に関する技術上の基準に適合していることについての国土交通大臣の確認は，積載前に，受けるものとする.

三　航空機の運航，航空機内における人命の安全の保持その他告示で定める目的のため当該航空機で輸送する物件（告示で定めるものを除く．）

四　搭乗者が身につけ，携帯し，又は携行する物件であつて告示で定めるもの

五　航空機以外の輸送手段を用いることが不可能又は不適当である場合において，国土交通大臣の承認を受けて輸送する物件

六　国土交通大臣が適当と認める外国の法令による承認を受けて，本邦外から本邦内へ又は本邦外の間を輸送する物件

3　危険物船舶運送及び貯蔵規則（昭和32年運輸省令第三十号）第113条第1項の規定による地方運輸局長又は同項に規定する登録検査機関の検査に合格した場合は，前項第一号ロの検査に合格したものとみなす．

4　核原料物質，核燃料物質及び原子炉の規制に関する法律（昭和32年法律第166号）第59条第2項の規定による主務大臣の確認（同法第61条の26の規定による独立行政法人原子力安全基盤機構の確認を含む．）又は危険物船舶運送及び貯蔵規則第87条第1項の規定による国土交通大臣若しくは地方運輸局長の確認を受けた場合は，告示で定めるところにより第2項第二号ハ，ニ又はヘ（放射性輸送物に関する技術上の基準に係るものに限る．）の確認を受けたものとみなす．

5　放射性同位元素等による放射線障害の防止に関する法律（昭和32年法律第167号）第18条第2項の運搬物確認を受けた場合は，告示で定めるところにより第2項第二号ハの確認を受けたものとみなす．

演習問題

問1　航空の用に供する場合，全ての航空機に共通して装備すべき救急用具を選べ．

(1) 非常信号灯　　　　　　　(2) 航空機用救命無線機
(3) 救命胴衣　　　　　　　　(4) 防水携帯灯　　（☆☆☆☆☆☆☆☆☆☆）

問2　航空機を昼間，夜間，陸上，水上を問わず航空の用に供する場合，必ず装備しなければならない救急用具は次のうちどれか．
(1) 非常信号灯，携帯灯，救命胴衣，救急箱
(2) 携帯灯，非常信号灯，救急箱
(3) 救命胴衣，救急箱，携帯灯
(4) 非常信号灯，非常食糧，救急箱　　　　　　　　　　　　　　　　（☆☆）

問3　航空機に装備する救急用具の点検期間について正しいものは次のうちどれか．（ただし，航空運送事業者の整備規程に期間を定める場合を除く．）
(1) 救命胴衣 180 日　　　　(2) 非常信号灯 12 月
(3) 救急箱 12 月　　　　　　(4) 防水携帯灯 180 日　　　　　（☆☆☆☆）

問4　次の救急用具で 60 日ごとに点検しなければならないのはどれか．
(1) 救急箱，落下傘，携帯灯
(2) 非常食糧，非常信号灯，救命胴衣
(3) 救命胴衣，救命ボート，落下傘
(4) 航空機用救急無線機，非常信号灯，救命ボート

問5　次の救急用具で 60 日ごとに点検しなければならないものはどれか．ただし，航空運送事業者の整備規程に定める期間は除く．
(1) 救急箱，落下傘，防水携帯灯
(2) 救急箱，非常信号灯，救命胴衣
(3) 救命胴衣，救命ボート，落下傘，
(4) 防水携帯灯，非常信号灯，救命ボート　　　　　　　　　　　（☆☆☆）

問6　次の救急用具で 180 日ごとに点検しなければならないものはどれか．（ただし，航空運送事業者の整備規定に定める期間は除く．）
(1) 非常信号灯　　　　　　(2) 救命胴衣
(3) 落下傘　　　　　　　　(4) 航空機用救命無線機　　　（☆☆☆☆）

問7　次の救急用具で 180 日ごとに点検しなければならないものはどれか．
(1) 非常信号灯，救急箱　　　(2) 救命胴衣，非常食糧
(3) 防水携帯灯，救命胴衣　　(4) 救急箱，非常食糧　　　　　（☆☆☆）

問8 非常信号灯の点検期間で正しいものはどれか.
(1) 30 日　　(2) 60 日　　(3) 180 日　　(4) 12 月　　(☆☆☆)

問9 救命胴衣の点検期間で正しいものはどれか.
(1) 30 日　　(2) 60 日　　(3) 180 日　　(4) 12 月

問10 救急箱の点検期間として正しいものはどれか.
(1) 12 月　　(2) 180 日　　(3) 60 日　　(4) 30 日　　(☆☆☆☆)

問11 航空機用救命無線機の点検期間で正しいものはどれか.
(1) 30 日　　(2) 60 日　　(3) 180 日　　(4) 12 月　　(☆☆☆)

問12 特定救急用具に指定されていないものは次のうちどれか.
(1) 非常信号灯　　　　　(2) 防水携帯灯
(3) 救命胴衣　　　　　　(4) 落下傘　　　　(☆☆☆☆)

問13 特定救急用具に指定されているもので次のうち誤っているものはどれか.
(1) 非常用信号灯　　　　(2) 救急箱
(3) 救命胴衣　　　　　　(4) 航空機用救命無線機

問14 特定救急用具でないものは次のうちどれか.
(1) 落下傘　　　　　　　(2) 航空機用救命無線機
(3) 救命胴衣　　　　　　(4) 救急箱　　　　(☆☆☆☆)

問15 航空運送事業の用に供する飛行機が有視界方式により飛行する場合に携行しなければならない燃料は着陸地までに要する量に加えて次のうちどの量が必要か.
(1) 夜間において飛行する場合には，巡航高度で 30 分間飛行できる燃料の量
(2) 夜間において飛行する場合には，巡航高度で 45 分間飛行できる燃料の量
(3) 夜間において飛行する場合には，巡航速度で 30 分間飛行できる燃料の量
(4) 夜間において飛行する場合には，巡航速度で 45 分間飛行できる燃料の量
(☆☆☆☆☆☆)

問 16　航空運送事業の用に供するプロペラ飛行機が有視界方式により飛行する場合に携行しなければならない燃料は，着陸地までに要する量に加えて次のうちのどの量が必要か．
(1) 昼間において飛行する場合は巡航高度で 30 分間飛行できる量
(2) 昼間において飛行する場合は巡航高度で 45 分間飛行できる量隔
(3) 昼間において飛行する場合は巡航速度で 30 分間飛行できる量
(4) 昼間において飛行する場合は巡航速度で 45 分間飛行できる量　　　　（☆☆☆）

問 17　夜間において航行する場合に衝突防止灯で表示しなければならない航空機について正しいものは次のうちどれか．
(1) すべての航空機　　　　　　　(2) 2,730 kg 以上の航空機
(3) 3,180 kg 以上の航空機　　　　(4) 5,700 kg 以上の航空機　（☆☆☆☆☆☆）

問 18　夜間，地上を航行する場合において灯火で表示しなければならない航空機について次のうち正しいものはどれか．
(1) 2,730 kg 以上の航空機　　　　(2) 5,700 kg 以上の航空機
(3) 15,000 kg 以上の航空機　　　(4) すべての航空機　　　　　（☆☆）

問 19　航空機が夜間において使用される飛行場に停留する場合の表示について正しいものは次のうちどれか．
(1) 航空機を照明する施設のあるときは，当該施設及びその航空機の衝突防止灯で表示しなければならない．
(2) 航空機を照明する施設のあるときは，当該施設及びその航空機の尾灯で表示しなければならない．
(3) 航空機を照明する施設のないときは，その航空機の右舷灯，左舷灯，尾灯及び衝突防止灯で表示しなければならない．
(4) 航空機を照明する施設のないときは，その航空機の右舷灯，左舷灯及び尾灯で表示しなければならない．　　　　　　　　　　　　　（☆☆☆☆）

問 20　夜間に使用される飛行場で，航空機を照明する施設がない場合の停留の方法について正しいものは次のうちどれか．
(1) その航空機の右舷灯，左舷灯及び尾灯で表示しなければならない．
((2) その航空機の右舷灯，左舷灯及び衝突防止灯で表示しなければならない．)

(3) その航空機の右舷灯，左舷灯，尾灯及び衝突防止灯で表示しなければならない．
(4) その航空機の衝突防止灯で表示しなければならない． (☆☆☆☆☆☆)
((5) 適切な照明装置を用いて航空機全体を表示しなければならない．)

問 21 （最大離陸重量 5,700Kg 以上の）航空機が夜間において航行する場合に当該航空機を表示する灯火について正しいものは次のうちどれか．
(1) 衝突防止灯　　　　(2) 衝突防止灯，右舷灯，左舷灯，尾灯
(3) 右舷灯，左舷灯，尾灯　(4) 衝突防止灯，着陸灯　　　　　　(☆☆)

問 22 航空機の灯火について次のうち正しいものはどれか．
(1) 昼間，夜間を問わず空中を航行する場合は灯火により自機を表示しなければならない．
(2) 夜間において牽引されて地上を航行する場合は牽引車の衝突防止灯で表示すればよい．
(3) 灯火とは右舷灯（緑），左舷灯（赤）および衝突防止灯（赤または白）の3つをいう．
(4) 夜間において使用されない飛行場に停留する場合は灯火による表示は必要ない．

問 23 技能証明書について次のうち正しいものはどれか．
(1) いつでも提示できるように常に携帯しておかなければならない．
(2) 所属会社において一括管理しなければならない．
(3) 航空従事者はその航空業務を行う場合には技能証明書を携帯しなければならない．
(4) 作業機の抽出等自己保管しなければならない．

問 24 航空法で，出発前の確認事項として航空機の整備状況を確認が義務付けられている者は誰か．
(1) 当該航空機の機長
(2) 当該航空機の運航管理者
(3) 当該航空機の技能証明を有する航空整備士［確認整備士］
(4) 当該航空機の（所有者又は）使用者　　　　　　　　　　　(☆☆☆)

問 25 （法第 86 条に掲げられる）輸送禁止の物件として定められていないものはどれか．
(1) 爆発性又は易燃性を有するもの［物件］
(2) 高周波又は高調音等の発生装置（携帯電話等（の電波を発する機器）であつて告示で定める物件）
(3) 人に危害を与えるおそれのあるもの［物件］
(4) 他の物件を損傷するおそれのあるもの［物件］　　　　　　　　　　（☆☆☆☆）

第 10 章　航空運送事業等

　本章では航空法の「第 7 章 航空運送事業等」の中の運航規程および整備規程，運用許容基準について説明します．

10.1　運航規程および整備規程

　本節では航空運送事業者が定め国土交通大臣の認可を受けなければならない運航規程および整備規程について説明します．

（運航規程及び整備規程の認可）
- **法　第 104 条**　本邦航空運送事業者は，国土交通省令で定める航空機の運航及び整備に関する事項について 運航規程 及び 整備規程 を定め，国土交通大臣の認可を受けなければならない．これを変更しようとするときも同様である．
  - 2　国土交通大臣は，前項の運航規程又は整備規程が国土交通省令で定める技術上の基準に適合していると認めるときは，同項の認可をしなければならない．

（運航規程及び整備規程の認可申請）
- **規　第 213 条**　法第 104 条第 1 項の規定により，運航規程又は整備規程の認定又は変更の認可を申請しようとする者は，次に掲げる事項を記載した運航規程設定（変更）認可申請書又は整備規程設定（変更）認可申請書を国土交通大臣に提出しなければならない．
  - 一　氏名又は名称及び住所
  - 二　設定し，又は変更しようとする運航規程又は整備規程（変更の場合にお

いては，新旧の対照を明示すること）
　三　変更の認可の申請の場合は，変更を必要とする理由

（運航規程及び整備規程）

・規　第214条　法第104条第1項の国土交通省令で定める航空機の運航及び整備に関する事項は次の表の左欄に掲げるとおりとし，同条第2項の国土交通省令で定める技術上の基準は同表の左欄に掲げる事項についてそれぞれ同表の右欄に掲げるとおりとする．

1　運航規程 イ　運航管理の実施方法	航空機の出発の可否の決定，経路及び代替飛行場の選定，携帯しなければならない燃料の量の決定，離陸重量及び着陸重量の決定その他運航管理者の行う職務の範囲及び内容が当該航空機の型式，飛行場の特性，飛行の方法及び区間並びに気象条件に適応して定められていること．
ロ　航空機乗組員及び客室乗務員の職務（客室乗務員の職務については，客室乗務員を航空機に乗り組ませて事業を行う場合に限る.）	飛行前，飛行中及び飛行後の各段階における航空機乗組員及び客室乗務員の職務の範囲及び内容が明確に定められていること．
ハ　航空機乗組員及び客室乗務員の編成（客室乗務員の編成については，客室乗務員を航空機に乗り組ませて事業を行う場合に限る.）	航空機乗組員にあつては当該航空機の型式並びに飛行の方法及び区間に，客室乗務員にあつては当該航空機の型式及び座席数又は旅客数にそれぞれ適応して定められていること．
ニ　航空機乗組員及び客室　乗務員の乗務割並びに運航管理者の業務に従事する時間の制限（客室乗務員の乗務割については，客室乗務員を航空機に乗り組ませて事業を行う場合に限る.）	航空機乗組員の乗務割は第157条の3の基準に従うものであり，客室乗務員の乗務割は客室乗務員の職務に支障を生じないように定められているものであり，運航管理者の業務に従事する時間は運航の頻度を考慮して運航管理者の職務に支障を生じないように制限されているものであること．
ホ　航空機乗組員，客室乗務員及び運航管理者の技能審査及び訓練の方法（客室乗務員の技能審査及び訓練の方法については，客室乗務員を航空機に乗り組ませて事業を行う場合に限る.）	課目，実施方法，時間（訓練の場合に限る）及び技能審査又は訓練を行う者の資格が適切に定められていること．
ヘ　航空機乗組員に対する運航に必要な経験及び知識の付与の方法	飛行の区間に応じて，当該区間の運航を行う航空機乗組員に対して，当該区間の運航に必要な経験を付与する方法及び飛行場の特性，飛行の方法，気象状態その他の当該区間の運航に必要な知識を付与する方法が適切に定められていること．

10.1 運航規程および整備規程

ト	離陸し，又は着陸することができる最低の気象状態	使用が予想されるすべての飛行場について航空機の型式，当該飛行場の特性，航空保安施設の状況並びに操縦者の知識及び経験に適応して定められていること．
チ	最低安全飛行高度	航法上の誤差及び気流の擾乱を考慮し，管制業務を行う機関との交信が常時可能なように定められ，かつ，多発機にあつては，一の発動機が不作動の場合着陸に適した飛行場に着陸し得るように定められていること．
リ	緊急の場合においてとるべき措置等	発動機の不作動，無線通信機器の故障，外国からの要撃，緊急着陸等の緊急事態が発生した際に各事態に応じて航空機及び乗客の安全を確保するために航空機乗組員，運航管理者，客室乗務員その他の職員がとるべき措置並びに救急用具の搭載場所及び取扱方法が明確に定められていること．
ヌ	航空機の運用の方法及び限界	操縦者の当該航空機に対する慣熟度，飛行場の特性及び気象状態に適応したものであること．
ル	航空機の操作及び点検の方法	当該航空機の型式に応じて適切な操作及び点検が行われるように定められていること．
ヲ	装備品，部品及び救急用具（以下「装備品等」という．）が正常でない場合における航空機の 運用許容基準 （整備規程にも有る．）	当該装備品等に代替して機能する装備品等がある場合，当該航行に当該装備品等が不要である場合等当該航空機の航行の安全を害さない範囲内で定められていること．
ワ	飛行場，航空保安施設及び無線通信施設の状況並びに位置通報等の方法	飛行の区間に応じて航空路誌の記載内容と相違しないように記載されたものであり，かつ，航空機乗組員及び運航管理者が容易に使用できるものであること．
カ	航空機の運航に係る業務の委託の方法（航空機の運航に係る業務を委託する場合に限る．）	委託を行う業務の範囲及び内容，受託者による当該業務の遂行を管理する方法その他の委託の方法が適切に定められていること．
2	整備規程	一等航空整備士，二等航空整備士，一等航空運航整備士，二等航空運航整備士並びにその他の航空機の整備に従事する者の配置の状況，職務の範囲及び内容並びに業務の引継ぎの方法その他の勤務の交替の要領が明確に定められていること．
イ	航空機の 整備に従事する者の職務	
ロ	整備基地の配置並びに整備基地の 設備及び器具	整備基地の選定及び当該基地で実施する整備の区分並びに当該基地における整備作業に必要な設備及び器具が航空機の整備作業の質及び量に適応したものであること．
ハ	機体及び整備品等の 整備の方式	日常整備，定時整備及びオーバーホールの区分ごとに整備の間隔及び要目が明確に定められていること．

ニ	機体及び装備品等の**整備の実施方法**	機体及び装備品等の製造者等の作成する整備に関する技術的資料に準拠して適切な整備を実施できるように定められていること.
ホ	装備品等の**限界使用時間**	設定及び変更の方法が装備品等の製造者等が定めた限界使用時間に準拠し，かつ，装備品等の使用実績に応じて定められていること.
ヘ	**整備の記録の作成及び保管の方法**	整備の区分及び要目に応じて整備作業の結果が適確に記録できるように定められ，かつ，記録の作成及び保管の責任の所在が明確に定められていること.
ト	装備品等が正常でない場合における航空機の 運用許容基準 (運航規程にも有る.)	当該装備品等に代替して機能する装備品等がある場合，当該航行に当該装備品等が不要である場合等当該航空機の航行の安全を害さない範囲内で定められていること.
チ	**整備に従事する者の訓練の方法**	課目，実施方法，時間及び訓練を行う者の資格が適切に定められていること.
リ	航空機の整備に係る業務の委託の方法（航空機の整備に係る業務を委託する場合に限る.）	委託を行う業務の範囲及び内容，受託者による当該業務の遂行を管理する方法その他の委託の方法が適切に定められていること.

10.1.1　運 航 規 程

　航空法に基づいて**航空会社が安全で，円滑な運航を行うための基準等を記載した書類**をいう．この運航規程にそって設定した運用規程，ルート・マニュアル（Route Manual）等に基づき実際の運航を行っています．設定した運航規程，整備規程を改訂・廃止する場合は国土交通大臣の許可が必要です．

10.1.2　整 備 規 程

　運航規程と同様に航空法に基づいて**航空機の耐空性および品質を維持するための基準，点検方法，点検要領，整備方式，整備手順，修理法などのすべてを記載した書類**です．

10.2 運用許容基準

> **Key-33** Ⅰ 整備規程の記載内容 ──（ ）は過去問に使用された回数を表す．
>
> （1）整備に従事する者の職務（5）
> （2）整備基地の配置並びに設備および器具（4）
> （3）整備の方式（2）
> （4）整備の実施方法（2）
> （5）装備品等の限界使用時間（6）
> （6）整備の記録の作成および保管の方法（4）
> （7）運用許容基準（7）── これは運航規程にも記載されている
> （8）整備に従事する者の訓練の方法（2）
> （9）整備に係わる業務の委託の方法（3）
>
> Ⅱ 整備規程および運航規定に「記載する必要のないもの」を選択する過去問の選択肢は次のとおりです．
>
> 整備規程 ── 整備と関係ない「運航規程」に記載すべきもの
>
> （ⅰ）緊急の場合においてとるべき措置等
> （ⅱ）航空機の操作及び点検の方法
> （ⅲ）航空機の運用の方法及び限界
>
> 運航規程 ── 運航と関係ない「整備規定」に記載すべきもの
>
> （ⅰ）装備品等の限界使用時間

10.2　運用許容基準

　本節では運航規程と整備規程の両方に記載されている「運用許容基準」について説明します．
　これは MEL（Minimum Equipment List）の日本語訳である．運用許容基準とは航空機に故障が生じた場合に，機長，整備および運航管理者が 航空機の運航の安全を害さない範囲 で，この 故障の修理を持ち越すことが可能であるか否かを決定するときに準処 するために定められたものです．（表 10.1 参照）

表 10.1　運用許容基準 ── MEL MANUAL

項目	数量	最低作動必要数	注意事項及び例外
52-3400-1	2	1	1 個不作動で良い．ただし，………
42-P-03	4	2	2 個不作動で良い．ただし，………

演習問題

問 1　運航規程に記載する必要のない事項は次のうちどれか．
(1) 航空機の操作及び点検の方法
(2) 装備品，部品及び救急用具(等)の限界使用時間
(3) 航空機の運用の方法及び限界
(4) 装備品，部品及び救急用具(等)が正常でない場合における航空機の運用許容基準　　　　　　　　　　　　　　　　　　　　　　　　　　　　(☆☆☆☆)

問 2　法第 104 条において整備規程に記載すべき事項として次のうち誤っているものはどれか．
(1) 整備基地の配置並びに整備基地の設備及び器具
(2) 機体及び装備品等の整備の方法
(3) 整備に従事する者の訓練の方法
(4) 緊急の場合においてとるべき措置等

問 3　整備規程に記載しなければならない項目として次のうち誤っているものはどれか．
(1) 装備品等の限界使用時間　　　(2) 機体及び装備品等の整備の方式
(3) 整備の記録の作成及び保管の方法　(4) 航空機の運用の方法及び限界　　(☆☆)

問 4　整備規程に記載しなければならない項目として次のうち誤っているものはどれか．
(1) 航空機の整備に従事する者の職務
(2) 航空機の操作および点検の方法
(3) 装備品等が正常でない場合における航空機の運用許容基準
(4) 整備に係る業務の委託の方法

問5　整備規程に記載しなければならない項目として次のうち正しいものはどれか．
(1) 航空機が法第10条4項に適合することの証明事項
(2) 航空機の重量及び重心位置の算出に必要な事項
(3) 航空機の騒音及び発動機の排出物基準
(4) 装備品等の限界使用時間

問6　整備規程に記載しなければならない項目として次のうち誤っているものはどれか．
(1) 航空機の整備に従事する者の職務
(2) 航空機の操作及び点検の方法
(3) 装備品等が正常でない場合における航空機の運用許容基準
(4) 整備に係る業務の委託の方法

問7　整備規程に記載する必要のない事項は次のうちどれか．
(1) 航空機の整備に従事する者の職務
(2) 装備品等が正常でない場合における航空機の運用許容基準
(3) 緊急の場合においてとるべき措置等
(4) 整備基地の配置並びに整備基地の設備　　　　　　　（☆☆☆）

問8　整備規程に記載する必要のない事項は次のうちどれか．
(1) 航空機の操作及び点検の方法
(2) 装備品，部品及び救急用具が正常でない場合における航空機の運用許容基準
(3) 装備品，部品及び救急用具の限界使用時間
(4) 整備の記録の作成及び保管の方法　　　　　　　　（☆☆☆☆）

問9　整備規程に記載する必要のない事項は次のうちどれか．
(1) 航空機の操作及び点検の方法
(2) 装備品等が正常でない場合における航空機の運用許容基準
(3) 装備品等の限界使用時間
(4) 整備の記録の作成及び保管の方法　　　　　　　　（☆☆☆）

問10　整備規程に記載する必要のない事項は次のうちどれか．
(1) 航空機の整備に従事する者の職務

(2) 装備品，部品及び救急用具が正常でない場合における航空機の運用許容基準
(3) 緊急の場合においてとるべき措置等
(4) 整備基地の配置並びに整備基地の設備　　　　　　　　　　　　（☆☆）

問 11　整備規程に記載する必要のない事項は次のうちどれか．
(1) 航空機の整備に従事する者の職務
(2) 装備品等が正常でない場合における航空機の運用許容基準
(3) 航空機の運用限界事項
(4) 整備に係る業務の委託の方法

問 12　整備規程に記載する必要のない事項は次のうちどれか．
(1) 整備基地の配置並びに整備基地の設備及び器具
(2) 機体及び装備品等の整備の実施方法
(3) 緊急の場合においてとるべき措置等
(4) 整備に従事する者の訓練の方法

問 13　整備規程に記載する必要のない事項は次のうちどれか．
(1) 装備品等の限界使用時間　　　(2) 機体及び装備品等の整備の方式
(3) 整備の記録の作成及び保管の方法　(4) 航空機の運用の方法及び限界

第 11 章 罰　則

　本章では航空法の「第 10 章 罰則」の中の整備に関係する条文について説明します．本章では条文に注記等をつけて説明に換えてます．

11.1　耐空証明を受けない航空機の使用等の罪

（耐空証明を受けない航空機の使用等の罪）
・法　第 143 条　航空機の使用者が次の各号のいずれかに該当するときは，3 年以下の懲役 若しくは 100 万円以下の罰金 に処し，又はこれを 併科 する．
　一　第 11 条第 1 項又は第 2 項の規定に違反して，耐空証明を受けないで，又は耐空証明において指定された用途若しくは運用限界の範囲を超えて，当該航空機を航空の用に供したとき．
　二　第 16 条第 1 項の規定（**修理改造検査**）に違反して，同条第 1 項又は第 2 項の規定による**検査に合格**しないで，当該航空機を航空の用に供したとき．
　三　第 19 条第 1 項の規定（**航空機の整備又は改造**）に違反して，第 20 条第 1 項第四号の能力について同項の認定を受けた者が第 19 条第 1 項の整備又は改造をせず，又は同項の確認をしないで，当該航空機を航空の用に供したとき．
　四　第 19 条第 2 項の規定に違反して，同項の確認をせず，かつ，これを受けないで，当該航空機を航空の用に供したとき．

11.2 無表示等の罪

> （無表示等の罪）
> ・法　第第144条　航空機の使用者が，第57条の規定（**国籍等の表示**）による表示をせず，又は虚偽の表示をして，航空機を航空の用に供したときは，1年以下の懲役 又は 50万円以下の罰金 に処する．

11.3 所定の航空従事者を乗り組ませない等の罪

> （所定の航空従事者を乗り組ませない等の罪）
> ・法　第145条　航空機の使用者が次の各号のいずれかに該当するときは，100万円以下の罰金 に処する．
> 　一　第14条の2第1項の規定（**整備改善**）による命令に違反したとき．
> 　二　第58条第1項の規定に違反して，航空日誌を備えなかつたとき．
> 　三　第58条第2項の規定により航空日誌に記載すべき事項を記載せず，又は虚偽の記載をしたとき．
> 　四　第59条の規定に違反して，所定の書類を備え付けないで，航空機を航空の用に供したとき．
> 　五　第60条の規定に違反して，航空機の航行の安全を確保するために必要な装置を装備しないで，航空機を航空の用に供したとき．
> 　六　第61条第1項の規定に違反して，航空機の運航の状況を記録するための装置を装備しないで，又はこれを作動させないで，航空機を航空の用に供したとき．
> 　六の二　第61条第2項の規定に違反して，航空機の運航の状況を記録するための装置による記録を保存しなかつたとき．
> 　七　第62条の規定に違反して，救急用具を装備しないで，航空機を航空の用に供したとき．
> 　八　第63条の規定に違反して，所定の燃料を携行させないで，航空機を出発させたとき．
> 　九　第64条の規定に違反して，航空機を燈火で表示しなかつたとき．

十　第65条第1項若しくは第2項又は第66条第1項の規定に違反して，航空機に所定の航空従事者を乗り組ませなかつたとき．
十一　第68条の規定(**乗務割の規準**)に違反して，航空従事者を航空業務に従事させたとき．
十二　第76条(**報告の義務**)第1項ただし書の規定(**機長が報告することができないときの当該航空機の使用者が報告すること**)による報告をせず，又は虚偽の報告をしたとき．
十二の二　第83条の2の規定に違反して，同条の**特別な方式による航行**を行つたとき．
十三　第86条(**爆発物等の輸送禁止**)第1項の規定に違反して，同項の物件を航空機で輸送したとき．
十四　第87条第2項の規定による飛行の方法の限定に違反して，航空機を飛行させたとき．
十五　第88条の規定に違反して，航空機に物件のえい航をさせたとき．
十六　第127条の規定(**外国航空機の国内使用**)に違反して，航空機を本邦内の各地間において航空の用に供したとき．
十七　第128の規定(**軍需品輸送の禁止**)に違反して，同条の**軍需品**を輸送したとき．

11.4　所定の資格を有しないで航空業務を行う等の罪

(所定の資格を有しないで航空業務を行う等の罪)
・法　第149条　次の各号の一に該当する者は，1年以下の懲役 又は 30万円以下の罰金 に処する．

「○○○」が 出題

一　第28条第1項又は第3項の規定に違反して，別表の業務範囲の欄に掲げる行為を行つた者
二　偽りその他不正の手段により航空身体検査証明書の交付を受けた者
三　第70条の規定(**酒精飲料等**)に違反して，その航空業務に従事した者

11.5 技能証明書を携帯しない等の罪

(技能証明書を携帯しない等の罪)
- 法 第150条　次の各号のいずれかに該当する者は，50万円以下の罰金に処する．
  - 一　第8条の3第2項(登録記号の打刻)の規定に違反して，航空機を提示しなかつた者
  - 一の二　第8条の3第3項の規定に違反して，登録記号の表示をき損した者
  - 一の三　第33条第1項の規定に違反して，同項の国土交通省令で定める航行を行つた者
  - 一の四　第34条第1項又は第2項の規定に違反して，計器飛行等又は操縦の教育をした者
  - 一の五　第35条第2項(第35条の2第2項において準用する場合を含む.)の規定に違反して，操縦の練習又は計器飛行等の練習の監督を行つた者
  - 二　第49条第1項(第55条の2第3項において準用する場合を含む.)又は第56条の3第1項の規定に違反して，建造物，植物その他の物件を設置し，植栽し，又は留置した者
  - 二の二　第51条(航空障害灯)第6項(第51条の2第3項において準用する場合を含む.)の規定による(設置した者の管理の方法の改善等)命令に違反した者
  - 三　第53条第1項の規定に違反して，滑走路，誘導路その他同項の国土交通省令で定める空港等の設備又は航空保安施設を損傷し，その他これらの機能を損なうおそれのある行為をした者
  - 三の二　第53条第2項の規定に違反して，空港等内で，航空機に向かつて物を投げ，その他同項の国土交通省令で定める行為をした者
  - 三の三　第53条第3項の規定に違反して，着陸帯，誘導路，エプロン又は格納庫に立ち入つた者　「第四号の場合の罰則(50万円以下)」が 出題
  - 四　第67条第1項(第35条第5項において準用する場合を含む.)又は第2項の規定に違反して，技能証明書，航空身体検査証明書又は航

空機操縦練習許可書を携帯しないで，その航空業務を行つた者
五　第69条の規定に違反して，航空機の運航に従事し，又は計器飛行，夜間の飛行若しくは操縦の教育を行つた者
五の二　第72条第1項の規定（航空運送事業の用に供する航空機に乗り組む機長の要件）に違反して，機長として航空運送事業の用に供する航空機に乗り組んだ者
五の三　第73条の4第5項の規定（機長が飛行の安全に影響があると考え当該行為を反復し，又は継続してはならない旨）による命令に違反した者
六　第86条第2項の規定（爆発物等の輸送禁止）に違反して，航空機内に同条第1項の物件を持ち込んだ者
七　第89条の規定に違反して，航空機から物件を投下した者
八　第90条の規定に違反して，航空機から落下傘で降下した者
九　第96条第2項の規定に違反して，同項の（当該飛行場における航空交通のために与える）指示に従わなかつた者
十　第99条の2第1項の規定（飛行に影響を及ぼすおそれのある行為）に違反して，航空機の飛行に影響を及ぼすおそれのある行為で同項の国土交通省令で定めるものをした者

演習問題

問1　所定の資格を有しないで航空業務を行った場合の「罰則」で次のうち正しいものはどれか．
(1) 100万円以下の罰金
(2) 1年以下の懲役又は30万円以下の罰金
(3) 2年以下の懲役又は5万円以下の罰金
(4) 2年以下の懲役　　　　　　　　　　　　　　　　　　　　（☆☆☆）

問 2 技能証明書を携帯しないで確認行為を行った整備士に課せられる「罰則」として次のうち正しいものはどれか．
(1) 50 万円以下の罰金
(2) 1 年以下の懲役又は 30 万円以下の罰金
(3) 2 年以下の懲役
(4) 100 万円以下の罰金

第12章　人間の能力及び限界に関する一般知識

航空法施行規則の別表第3「学科試験の科目」の中に下記の記述があります．
　五　イ　国内航空法規
　　　ロ　人間の能力及び限界に関する一般知識
上記イは本書の第1章から第11章が該当します．ロについては「人間の能力及び限界に関する一般知識」以外の出題について情報はありません．したがって，本章では過去問を例題にしてどのような知識が必要か説明します．

12.1　ヒューマンファクター

本節ではヒューマンファクター及びSHELモデル，人間の能力及び限界について説明します．

12.1.1　ヒューマンファクター

【例題1】　ヒューマンファクターに関する次の文中，（　　）に当てはまる語句として(1)〜(4)のうち正しいものはどれか．

　ヒューマンファクターは，人間の(A)と限界を最適にし，(B)を減少させることを主眼にした総合的な学問である．生活及び職場環境における人間と(C)・手順・(D)との係わり合い，及び人間同士の係わり合いのことであり，システム工学という枠組みの中に統合された人間科学を論理的に応用することにより，人間とその活動の関係を最適にすることに関与することである．

　(1) A：体力　　B：疲労　　C：行動　　D：能力
　(2) A：表現力　B：事故　　C：所属　　D：行動

(3) A：能力　　B：エラー　　C：機械　　D：環境
(4) A：生命力　B：エラー　　C：所属　　D：環境　　　　　　　（☆☆）

【解答】(3)

ヒューマンファクターの定義は提唱者により色々に表現されてきました．受験対策としてヒューマンファクターの定義は【例題1】で示された定義と理解してください．

12.1.2　SHEL モデル

【例題2】　ヒューマンファクターを表すものとしてSHELモデルがあるが，これを構成するものについて正しいものは次のうちどれか．

(1) ソフトウェア (Software)，ヒューマン (Human)，エラー (Error)，人間 (Liveware)
(2) システム (System)，ハードウェア (Hardware)，エラー (Error)，人間 (Liveware)
(3) ソフトウェア (Software)，ハードウェア (Hardware)，環境 (Environment)，人間 (Liveware)
(4) システム (System)，ヒューマン (Human)，環境 (Environment)，人間 (Liveware)　　　　　　　（☆☆☆☆☆☆☆）

【解答】　(3)

　第12章の過去問では【例題2】に示すSHELモデルに関する問題が多数出ているので説明します．
　このSHELモデルは1972年にイギリス人Edwardsによって提唱され1975年にオランダ人のHawkinsによって現在の形になったものです．人間をとりまく周囲の状況との関係を概念的に図12.1で表したもので当事者である人間（[L]iveware）の活動はその周囲のソフトウェア（[S]oftware），ハードウェア（[H]ardware），環境（[E]nvironment），他の人間（[L]iveware）により大きな影響を受けることを示すのです．SHELモデルはこれらの構成要素の頭文字をとったものです．

図12.1 SHELモデル

構成要素について次の Key で説明します．

Key-34 SHELモデル

S―ソフトウェア：手順，マニュアル，規則，検査制度の不備，作業手順書の不備，基準管理の不備，製造図面，作業規則，法令

H―ハードウェア：機体設計の不良，設備の不良，機材配置の不備，航空機，工具，器具，測定器具

E―環境　　　　：照明の不足，雪等の悪天候，高所作業，作業場の状況，騒音

L―人間　　　　：(中心のLは当事者　周囲のLは当事者以外の人間(同僚，上司，他のグループなど))疲労，睡眠不足，聴力低下

12.1.3 人間の能力の限界

【例題3】 次のヒューマンファクターに関する記述を読んで下記の問に答えよ.

　航空技術の進歩にしたがって,航空機の事故率は減少を続けてきたが,最近では低下傾向が鈍化している.事故原因を見ると,(　)ものの比率は時代の推移とともに減少してきているが,最近は人間の過ち,すなわちヒューマンエラーが原因となる事故の比率が次第に大きな部分を占めるようになってきた.

　航空事故をよりいっそう減少させるためには,ヒューマンエラーの発生をできるだけ防ぐことが重要であり,そのためには人間の能力とその限界などを知り,その知識を有効に生かすヒューマンファクターの考えを理解し,それらを考慮した適切な対応を行うことが必要となった.

上記の記述の(　)の中に入る語句として適切なものは次のどれか.

(1) 運航形態に起因する　　　　(2) 整備方式に起因する
(3) 整備技術に起因する　　　　(4) 機材に起因する　　　　(☆☆)

【解答】 (4)

【例題4】 昨今の航空安全で特に焦点が当てられているものとして正しいものは次のうちどれか.

(1) より自動化された整備ツールの開発
(2) 航空機設計におけるハイテク化
(3) 人間の能力と限界の研究
(4) 高性能コンピューターの開発　　　　　　　　　(☆☆☆☆☆)

【解答】 (3)

12.1 ヒューマンファクター

【例題5】 人間は外界より刺激を受けて情報を感知すると，自分自身の知識や記憶と照合しながらとるべき行動を考え，その結果動作という形で外部に反応する．この一連の働きを人間の(イ)と呼んでいる．人間が一度に処理できる情報量には限度があるため，その処理能力を超える場合は選択して，あるいは順序付けされて処理される．どの入力を選択，順序付けし，どのように意志決定を行い，行動に移すかを配分しているのが(ロ)である．またこれらの(イ)には限界があるうえ，経験，訓練，動機付け，緊張，外部の環境条件や精神的負担の状況，身体の状態などにより影響を受けやすい．

上記の記述の(イ)及び(ロ)に入る語句として次のうち正しいものはどれか．

(1) (イ)：状況認識機能　(ロ)：感覚の働き
(2) (イ)：判断決定機能　(ロ)：知覚の働き
(3) (イ)：習慣化機能　　(ロ)：意識の働き
(4) (イ)：情報処理機能　(ロ)：注意の働き

【解答】 (4)

【例題5】は図12.2の人間の情報処理のモデルについて記述しています．

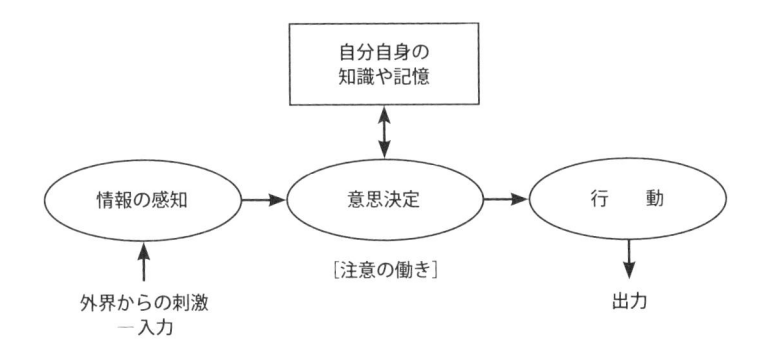

図12.2　人間の情報処理のモデル

> 【例題6】 ヒューマンファクターに関して，人間の「記憶」には「短期記憶」と「長期記憶」があるが「長期記憶」の手法として次のうち正しいものはどれか.
>
> (1) 情報を要約したり系統化して重要な項目を強調する.
> (2) 情報の最初の項目を強調する.
> (3) 情報全体を数秒間にわたって暗唱する．（☆☆☆）
> (4) 単数字6個程度は自動的に長期記憶となるので特別な手法は要しない.
>
> 【解答】（1）

記憶とは物事を忘れずに覚えていることです．記憶には**短期記憶**と**長期記憶**があります．短期記憶は数十秒から数分の間一時的に保持できる記憶です．
　短期記憶の貯蔵庫は一時的に情報を保存するだけで，しかもその容量は小さい．長期記憶は過去の経験や学習の結果得られる知識や情報が蓄積された記憶です．長期記憶の貯蔵庫に貯蔵されると容易に忘れることはなく，しかも膨大な量の情報を保存することができます．

「短期記憶と長期記憶の例」が 出題

　留守の間に掛かってきた人の電話番号は，その人に電話を掛け終わったら忘れてしまって良いので短期記憶です．しかし，自分の家の電話番号は長期記憶です．またパイロットにとって管制官から得たQNHは高度計にセットすると忘れてしまうので短期記憶です．ところが緊急事態が発生したときの操作手順は訓練によって記憶した長期記憶です．航空整備士にとってマニュアルで調べた特殊ボルトの締め付けトルクはそのボルトの締め付けの作業が終了すると忘れても良いので短期記憶です．しかし，**機体の点検のためにエンジンを始動する手順は実習によって記憶した手順なので長期記憶です．**
　皆さんはこの本の Key を長期記憶にして学科試験に合格してください．

12.2　ヒューマンエラーの管理

　本節ではヒューマンエラーをどのように管理すべきかについて説明します．

12.2 ヒューマンエラーの管理

【例題7】 次のヒューマンファクターに関する記述を読んで下記の問に答えよ．

ヒューマンエラーの発生を完全に防止することは非常に難しいが，その発生をできるだけ少なくするように（　　）は可能である．そのために次のような手法がとられている．

A. エラーの発生そのものを少なくする手法
B. 発生したエラーを早期に検知して拡大を防止する手法
C. エラーを早期に検知できなくても破局的な状態に至らないようにシステムを設計，あるいは構築する手法

　上記の記述の（　）の中に入る語句として適切なものは次のどれか．

(1) 手順書を改訂すること
(2) 作業者以外の者による二重確認を実施すること
(3) ヒューマンエラーを管理すること
(4) 教育訓練を充実させること

【解答】　(3)

【例題7】のエラーの発生とその影響をできるだけ低下させるために，管理する具体的手法として考えられ，実施されている主なものには，以下のようなものがあります．

A. エラーの発生そのものを少なくする手法
　a　誤作業が発生しにくいような工具および治具，機材の設計
　b　誤作業を誘発しない手順書の設定
　c　作業性の改善
　d　現場の環境の整備
　e　教育訓練の適切な実施
　f　作業員の適切な配置

などがあります．

B. 発生したエラーを早期に検知して拡大を防止する手法
  a 作業終了後の自己確認の徹底
  b 作業者以外の者による二重確認の実施
  c 作業終了後の作動または機能試験等による確認
  d モニター・システム等の連続監視システムの採用

などがあります．

C. エラーを早期に検知できなくても破局的な状態に至らないようにシステムを設計，あるいは構築する手法
  a システムを多重化し，一つのシステムが故障しても残りのシステムで機能が継続維持できるようにした**冗長性を持たせた設計**の採用

> 「システムの多重化」が 出題

  b 構造の一部がフェール（破壊）しても，その破壊が発見され修理するまでの期間は破壊のままセーフ（安全）に飛行できるようにした**フェール・セーフ構造**の採用
  c 構造部材に発生した損傷や亀裂が危険な大きさになる前に発見できるようにした**損傷許容設計**の採用

などがあります．
  実際には，これらを複数組み合わせた様々な対策を実施し，エラーの発生防止あるいは危険回避に役立てています．

【例題8】 ヒューマンエラーの管理においてヒューマンエラーの発生そのものを少なくする手法として，次のうち誤っているものはどれか．

(1) 作業後の自己確認の徹底　　(2) 適切な手順書の設定
(3) 作業場環境の充実　　　　　(4) 適切な配員

【解答】 (1)

【例題9】 ヒューマンエラーの管理において，発生したエラーを早期に検知して拡大を防止する手法として次のうち誤っているものはどれか．

(1) 適切な手順書の設定をする．
(2) 作業後の自己確認を徹底する．
(3) 作業者以外の者による2重確認を実施する．
(4) 作業後の作動試験による確認をする．

【解答】 (1)

【例題10】 ヒューマンエラーの管理において，エラーを早期に検知できなくても破局的な状態に至らないようなシステムにする手法として次のうち正しいものはどれか．

(1) 適切な手順書の設定をする．
(2) 作業者以外の者による2重確認を実施する．
(3) 連続監視システムを取り入れる．
(4) 冗長性を持たせた設計にする．（☆☆）

【解答】 (4)

演習問題

問1 ヒューマンファクターに関するもので，手順，マニュアル，規則等はSHELモデルでいう次のうちどれに該当するか．
(1) ソフトウェア（Software） (2) システム（System）
(3) ヒューマン（Human） (4) ハードウェア（Hardware）
(5) エラー（Error） (6) 環境（Environment）
(7) ライブウェア（Liveware） (8) ルーズ（Lose） （☆☆☆☆☆☆☆☆☆）

問2 SHELモデルで疲労，睡眠不足，聴力低下等に該当するものは次のうちどれか．
(☆☆☆☆☆☆☆☆☆☆☆☆)
(1) ソフトウェア（Software） (2) システム（System）
(3) ヒューマン（Human） (4) ハードウェア（Hardware）
(5) エラー（Error） (6) 環境（Environment）
(7) ライブウェア（Liveware） (8) ルーズ（Lose）

問3 ヒューマンファクターに関するもので，SHELモデルのソフトウェア（Software）の内容に該当しないものは次のうちどれか．
(1) 検査制度の不備 (2) 作業手順書の不備
(3) 機材配置の不備 (4) 基準管理の不備

問4 ヒューマンファクターに関して，SHELモデルの環境（Environment）の内容に該当しないものは次のうちどれか．
(1) 照明の不足 (2) 機材配置の不備
(3) 雪等の悪天候 (4) 高所作業 (☆☆☆☆)

問5 ヒューマンファクターに関して，次のうちSHELモデルのハードウェア（Hardware）に含まれないものはどれか．
(1) 機体設計の不良 (2) 設備の不良
(3) 器材配置の不備 (4) 検査制度の不備 (☆☆☆☆☆)

問6 飛行中における操縦室の騒音の軽減を図るための設計はヒューマンファクターに関するSHELモデルの構成要素のいずれに該当するか．
(1) ライブウェア（Liveware） (2) ハードウェア（Hardware）
(3) ソフトウェア（Software） (4) 環境（Environment） (☆☆)

問7 ヒューマンファクターの概念モデルで「作業者間のチーム・ワークや教官と訓練生との関係」を含むSHELモデルとして次のうち正しいものはどれか．
(1) 環境―ソフトウェア
(2) ライブウェア―ライブウェア
(3) ソフトウェア―ライブウェア
(4) ハードウェア―ソフトウェア (☆☆)

演 習 問 題　　　　　　　　　　197

問8　ヒューマンファクターに関して，整備士の訓練過程における「記憶」には「短期記憶」と「長期記憶」があるが「短期記憶」に該当するもので次のうち正しいものはどれか．
(1)（教官に呼び出してもらうために伝える）自身の携帯電話番号
(2) エンジン始動のためのスイッチの操作順序
(3) 高度計にセットするために無線通信で得られたQNHの値
(4) 訓練を受けた航空機のシステムの概要　　　　　　　　　　（☆☆）

問9　ヒューマンエラーを管理する手法のうち「エラーが発生しても破局に至らないようにする」に対応するものは次のうちどれか．
(1) 作業場照明の改善　　　　　(2) 第三者による確認
(3) システムの多重化　　　　　(4) 訓練の充実　　　　　　（☆☆☆☆☆）

航空法施行規則

別表第 2 （第 42 条，第 43 条関係）

資格又は証明	飛行経歴その他の経歴
一等航空整備士	一　飛行機について技能証明を受けようとする者は，次に掲げるいずれかの経験を有すること． 　イ　附属書第一に規定する耐空類別が飛行機輸送C又は飛行機輸送Tである飛行機についての 6月以上 の整備の経験を含む 4年以上 の航空機の整備の経験 　ロ　国土交通大臣が指定する整備に係る訓練課程を修了した場合は，附属書第一に規定する耐空類別が飛行機輸送C又は飛行機輸送Tである飛行機についての 6月以上 の整備の経験を含む 2年以上 の航空機の整備の経験 二　回転翼航空機について技能証明を受けようとする者は，次に掲げるいずれかの経験を有すること． 　イ　附属書第一に規定する耐空類別が回転翼航空機輸送TA級又は回転翼航空機輸送TB級である回転翼航空機についての 6月以上 の整備の経験を含む 4年以上 の航空機の整備の経験 　ロ　国土交通大臣が指定する整備に係る訓練課程を修了した場合は，附属書第一に規定する耐空類別が回転翼航空機輸送TA級又は回転翼航空機輸送TB級である回転翼航空機についての 6月以上 の整備の経験を含む 2年以上 の航空機の整備の経験
二等航空整備士	次に掲げるいずれかの経験を有すること． 　イ　技能証明を受けようとする種類の航空機についての 6月以上 の整備の経験を含む 3年以上 の航空機の整備の経験 　ロ　国土交通大臣が指定する整備に係る訓練課程を修了した場合は，技能証明を受けようとする種類の航空機についての 6月以上 の整備の経験を含む 1年以上 の航空機の整備の経験
一等航空運航整備士	一　飛行機について技能証明を受けようとする者は，次に掲げるいずれかの経験を有すること． 　イ　附属書第一に規定する耐空類別が飛行機輸送C又は飛行機輸送Tである飛行機についての 6月以上 の整備の経験を含む 2年以上 の航空機の整備の経験 　ロ　国土交通大臣が指定する整備に係る訓練課程を修了した場合は，附属書第一に規定する耐空類別が飛行機輸送C又は飛行機輸送Tである飛行機についての 6月以上 の整備の経験を含む 1年以上 の航空機の整備の経験 二　回転翼航空機について技能証明を受けようとする者は，次に掲げるいずれかの経験を有すること． 　イ　附属書第一に規定する耐空類別が回転翼航空機輸送TA級又は回転翼航空機輸送TB級である回転翼航空機についての 6月以上 の整備の経験を含む 2年以上 の航空機の整備の経験 　ロ　国土交通大臣が指定する整備に係る訓練課程を修了した場合は，附属書第一に規定する耐空類別が回転翼航空機輸送TA級又は回転翼航空機輸送TB級である回転翼航空機についての 6月以上 の整備の経験を含む 1年以上 の航空機の整備の経験

資格又は証明	飛行経歴その他の経歴
二等航空運航整備士	次に掲げるいずれかの経験を有すること． イ　技能証明を受けようとする種類の航空機についての 6月以上 の整備の経験を含む 2年以上 の航空機の整備の経験 ロ　国土交通大臣が指定する整備に係る訓練課程を修了した場合は，技能証明を受けようとする種類の航空機についての 6月以上 の整備の経験を含む 1年以上 の航空機の整備の経験
航空工場整備士	次に掲げるいずれかの経験を有すること． イ　技能証明を受けようとする業務の種類について 2年以上 の整備及び改造の経験を有すること． ロ　国土交通大臣が指定する整備に係る訓練課程を修了した場合は，技能証明を受けようとする業務の種類について 1年以上 の整備及び改造の経験

別表第3 （第46条，第46の2関係）

学科試験の科目

資格又は証明	技能証明の限定をしようとする航空機の種類若しくは等級又は業務の種類	科目
一等航空整備士又は二等航空整備士	飛行機，回転翼航空機，滑空機又は飛行船	一　機体 　イ　流体力学の理論に関する知識 　ロ　航空力学の理論に関する知識 　ハ　材料力学の理論に関する知識 　ニ　機体構造の強度，構造，機能及び整備に関する知識 　ホ　機体の性能に関する知識 　ヘ　機体構造の材料に関する知識 　ト　機体装備品の強度，構造，機能及び整備に関する知識 二　発動機（曳航装置なし動力滑空機及び曳航装置付き動力滑空機以外の滑空機を除く．） 　イ　熱力学の理論に関する知識 　ロ　ピストン発動機，ピストン発動機補機及びピストン発動機の指示系統の構造，機能，性能及び整備に関する知識（ピストン発動機に係る航空機の場合に限る．） 　ハ　タービン発動機，タービン発動機補機及びタービン発動機の指示系統の構造，機能，性能及び整備に関する知識（タービン発動機に係る航空機の場合に限る．） 　ニ　プロペラ，プロペラ補機及びプロペラの指示系統の構造，機能，性能及び整備に関する知識 　ホ　航空機の燃料及び潤滑油に関する知識

資格又は証明	技能証明の限定をしようとする航空機の種類若しくは等級又は業務の種類	科目
		三　電子装備品等 　イ　電気工学及び電子工学の理論に関する知識 　ロ　機械計器，電気計器，ジャイロ計器及び電子計器の構造，機能及び整備に関する知識 　ハ　電子装備品，電気装備品及び無線通信機器の構造，機能及び整備に関する知識 四　航空法規等 　イ　国内航空法規 　ロ　人間の能力及び限界に関する一般知識
一等航空運航整備士又は二等航空運航整備士	飛行機，回転翼航空機，滑空機又は飛行船	一　機体及び電子装備品等 　イ　流体力学の理論に関する一般知識 　ロ　航空力学の理論に関する一般知識 　ハ　材料力学の理論に関する一般知識 　ニ　機体構造の強度，構造，機能及び整備に関する一般知識 　ホ　機体の性能に関する一般知識 　ヘ　機体構造の材料に関する一般知識 　ト　機体装備品の強度，構造，機能及び整備に関する一般知識 　チ　電気工学及び電子工学の理論に関する一般知識 　リ　機械計器，電気計器，ジャイロ計器及び電子計器の構造，機能及び整備に関する一般知識 　ヌ　電子装備品，電気装備品及び無線通信機器の構造，機能及び整備に関する一般知識 二　発動機（曳航装置なし動力滑空機及び曳航装置付き動力滑空機以外の滑空機を除く．） 　イ　熱力学の理論に関する一般知識 　ロ　ピストン発動機，ピストン発動機補機及びピストン発動機の指示系統の構造，機能，性能及び整備に関する一般知識（ピストン発動機に係る航空機の場合に限る．） 　ハ　タービン発動機，タービン発動機補機及びタービン発動機の指示系統の構造，機能，性能及び整備に関する一般知識（タービン発動機に係る航空機の場合に限る．） 　ニ　プロペラ，プロペラ補機及びプロペラの指示系統の構造，機能，性能及び整備に関する一般知識 　ホ　航空機の燃料及び潤滑油に関する一般知識 三　航空法規等 　イ　国内航空法規 　ロ　人間の能力及び限界に関する一般知識

資格又は証明	技能証明の限定をしようとする航空機の種類若しくは等級又は業務の種類	科目
航空工場整備士	機体構造関係	一　航空工学 　イ　流体力学の理論に関する一般知識 　ロ　航空力学の理論に関する一般知識 　ハ　機体構造の構造，機能及び取扱いに関する一般知識 　ニ　機体装備品の構造，機能及び取扱いに関する一般知識 　ホ　発動機，発動機補機及び発動機の指示系統の構造，機能及び取扱に関する一般知識 　ヘ　プロペラ，プロペラ補機及びプロペラの指示系統の構造，機能及び取扱いに関する一般知識 　ト　機械計器，電気計器，ジャイロ計器及び電子計器の構造，機能及び取扱いに関する一般知識 　チ　電子装備品，電気装備品及び無線通信機器の構造，機能及び取扱いに関する一般知識 二　機体構造 　イ　材料力学の理論に関する知識 　ロ　機体構造の強度，構造，整備，改造及び試験に関する知識 　ハ　機体の性能に関する知識 　ニ　機体構造の材料に関する知識 三　航空法規等 　イ　国内航空法規 　ロ　人間の能力及び限界に関する一般知識
	機体装備品関係	一　航空工学 　イ　流体力学の理論に関する一般知識 　ロ　航空力学の理論に関する一般知識 　ハ　機体構造の構造，機能及び取扱いに関する一般知識 　ニ　機体装備品の構造，機能及び取扱いに関する一般知識 　ホ　発動機，発動機補機及び発動機の指示系統の構造，機能及び取扱いに関する一般知識 　ヘ　プロペラ，プロペラ補機及びプロペラの指示系統の構造，機能及び取扱いに関する一般知識 　ト　機械計器，電気計器，ジャイロ計器及び電子計器の構造，機能及び取扱いに関する一般知識 　チ　電子装備品，電気装備品及び無線通信機器の構造，機能及び取扱いに関する一般知識 二　機体装備品 　イ　機体装備品の構造，機能，性能，整備，改造及び試験に関する知識 　ロ　機体装備品の材料に関する知識 三　航空法規等

航空法施行規則

資格又は証明	技能証明の限定をしようとする航空機の種類若しくは等級又は業務の種類	科目
航空工場整備士		イ　国内航空法規 ロ　人間の能力及び限界に関する一般知識
	ピストン発動機関係	一　航空工学 　イ　流体力学の理論に関する一般知識 　ロ　航空力学の理論に関する一般知識 　ハ　機体構造の構造，機能及び取扱いに関する一般知識 　ニ　機体装備品の構造，機能及び取扱いに関する一般知識 　ホ　発動機，発動機補機及び発動機の指示系統の構造，機能及び取扱いに関する一般知識 　ヘ　プロペラ，プロペラ補機及びプロペラの指示系統の構造，機能及び取扱いに関する一般知識 　ト　機械計器，電気計器，ジャイロ計器及び電子計器の構造，機能及び取扱いに関する一般知識 　チ　電子装備品，電気装備品及び無線通信機器の構造，機能及び取扱いに関する一般知識 二　ピストン発動機 　イ　熱力学の理論に関する知識 　ロ　ピストン発動機の構造，機能，性能，整備，改造及び試験に関する知識 　ハ　ピストン発動機補機の構造，機能，性能，整備，改造及び試験に関する知識 　ニ　航空機の燃料及び潤滑油に関する知識 三　航空法規等 　イ　国内航空法規 　ロ　人間の能力及び限界に関する一般知識
	タービン発動機関係	一　航空工学 　イ　流体力学の理論に関する一般知識 　ロ　航空力学の理論に関する一般知識 　ハ　機体構造の構造，機能及び取扱いに関する一般知識 　ニ　機体装備品の構造，機能及び取扱いに関する一般知識 　ホ　発動機，発動機補機及び発動機の指示系統の構造，機能及び取扱いに関する一般知識 　ヘ　プロペラ，プロペラ補機及びプロペラの指示系統の構造，機能及び取扱いに関する一般知識 　ト　機械計器，電気計器，ジャイロ計器及び電子計器の構造，機能及び取扱いに関する一般知識 　チ　電子装備品，電気装備品及び無線通信機器の構造，機能及び取扱いに関する一般知識 二　タービン発動機

資格又は証明	技能証明の限定をしようとする航空機の種類若しくは等級又は業務の種類	科目
航空工場整備士	タービン発動機関係	イ　熱力学の理論に関する知識 ロ　タービン発動機の構造，機能，性能，整備，改造及び試験に関する知識 ハ　タービン発動機補機の構造，機能，性能，整備，改造及び試験に関する知識 ニ　航空機の燃料及び潤滑油に関する知識 三　航空法規等 　イ　国内航空法規 　ロ　人間の能力及び限界に関する一般知識
	プロペラ関係	一　航空工学 　イ　流体力学の理論に関する一般知識 　ロ　航空力学の理論に関する一般知識 　ハ　機体構造の構造，機能及び取扱いに関する一般知識 　ニ　機体装備品の構造，機能及び取扱いに関する一般知識 　ホ　発動機，発動機補機及び発動機の指示系統の構造，機能及び取扱いに関する一般知識 　ヘ　プロペラ，プロペラ補機及びプロペラの指示系統の構造，機能及び取扱いに関する一般知識 　ト　機械計器，電気計器，ジャイロ計器及び電子計器の構造，機能及び取扱いに関する一般知識 　チ　電子装備品，電気装備品及び無線通信機器の構造，機能及び取扱いに関する一般知識 二　プロペラ 　イ　プロペラの構造，機能，性能，整備，改造及び試験に関する知識 　ロ　プロペラ補機の構造，機能，性能，整備，改造及び試験に関する知識 三　航空法規等 　イ　国内航空法規 　ロ　人間の能力及び限界に関する一般知識
	計器関係	一　航空工学 　イ　流体力学の理論に関する一般知識 　ロ　航空力学の理論に関する一般知識 　ハ　機体構造の構造，機能及び取扱いに関する一般知識 　ニ　機体装備品の構造，機能及び取扱いに関する一般知識 　ホ　発動機，発動機補機及び発動機の指示系統の構造，機能及び取扱いに関する一般知識 　ヘ　プロペラ，プロペラ補機及びプロペラの指示系統の構造，機能及び取扱いに関する一般知識

資格又は証明	技能証明の限定をしようとする航空機の種類若しくは等級又は業務の種類	科目
航空工場整備士		ト　機械計器，電気計器，ジャイロ計器及び電子計器の構造，機能及び取扱いに関する一般知識 チ　電子装備品，電気装備品及び無線通信機器の構造，機能及び取扱いに関する一般知識 二　計器 　イ　電気工学及び電子工学の理論に関する知識 　ロ　機械計器の構造，機能，性能，整備，改造及び試験に関する知識 　ハ　電気計器の構造，機能，性能，整備，改造及び試験に関する知識 　ニ　ジャイロ計器の構造，機能，性能，整備，改造及び試験に関する知識 　ホ　電子計器の構造，機能，性能，整備，改造及び試験に関する知識 三　航空法規等 　イ　国内航空法規 　ロ　人間の能力及び限界に関する一般知識
	電子装備品関係	一　航空工学 　イ　流体力学の理論に関する一般知識 　ロ　航空力学の理論に関する一般知識 　ハ　機体構造の構造，機能及び取扱いに関する一般知識 　ニ　機体装備品の構造，機能及び取扱いに関する一般知識 　ホ　発動機，発動機補機及び発動機の指示系統の構造，機能及び取扱いに関する一般知識 　ヘ　プロペラ，プロペラ補機及びプロペラの指示系統の構造，機能及び取扱いに関する一般知識 　ト　機械計器，電気計器，ジャイロ計器及び電子計器の構造，機能及び取扱いに関する一般知識 　チ　電子装備品，電気装備品及び無線通信機器の構造，機能及び取扱いに関する一般知識 二　電子装備品 　イ　電気工学及び電子工学の理論に関する知識 　ロ　電子装備品の構造，機能，性能，整備，改造及び試験に関する知識 三　航空法規等 　イ　国内航空法規 　ロ　人間の能力及び限界に関する一般知識
	電気装備品関係	一　航空工学 　イ　流体力学の理論に関する一般知識

資格又は証明	技能証明の限定をしようとする航空機の種類若しくは等級又は業務の種類	科目
航空工場整備士	電気装備品関係	ロ　航空力学の理論に関する一般知識 ハ　機体構造の構造，機能及び取扱いに関する一般知識 ニ　機体装備品の構造，機能及び取扱いに関する一般知識 ホ　発動機，発動機補機及び発動機の指示系統の構造，機能及び取扱いに関する一般知識 ヘ　プロペラ，プロペラ補機及びプロペラの指示系統の構造，機能及び取扱いに関する一般知識 ト　機械計器，電気計器，ジャイロ計器及び電子計器の構造，機能及び取扱いに関する一般知識 チ　電子装備品，電気装備品及び無線通信機器の構造，機能及び取扱いに関する一般知識 二　電気装備品 　イ　電気工学及び電子工学の理論に関する知識 　ロ　電気装備品の構造，機能，性能，整備，改造及び試験に関する知識 三　航空法規等 　イ　国内航空法規 　ロ　人間の能力及び限界に関する一般知識
	無線通信機器関係	一　航空工学 　イ　流体力学の理論に関する一般知識 　ロ　航空力学の理論に関する一般知識 　ハ　機体構造の構造，機能及び取扱いに関する一般知識 　ニ　機体装備品の構造，機能及び取扱いに関する一般知識 　ホ　発動機，発動機補機及び発動機の指示系統の構造，機能及び取扱いに関する一般知識 　ヘ　プロペラ，プロペラ補機及びプロペラの指示系統の構造，機能及び取扱いに関する一般知識 　ト　機械計器，電気計器，ジャイロ計器及び電子計器の構造，機能及び取扱いに関する一般知識 　チ　電子装備品，電気装備品及び無線通信機器の構造，機能及び取扱いに関する一般知識 二　無線通信機器 　イ　電気工学及び電子工学の理論に関する知識 　ロ　無線通信機器の構造，機能，性能，整備，改造及び試験に関する知識 三　航空法規等 　イ　国内航空法規 　ロ　人間の能力及び限界に関する一般知識

実地試験の科目

資格又は証明	技能証明の限定をしようとする航空機の種類若しくは等級又は業務の種類	科目
一等航空整備士又は二等航空整備士	飛行機，回転翼航空機，滑空機又は飛行船	一　整備の基本技術 　イ　飛行規程，整備規程その他整備に必要な規則の知識 　ロ　整備に必要な作業及び検査についての基本技術 二　整備に必要な知見 　イ　機体構造の構造及び機体の性能に関する知見 　ロ　機体装備品（滑空機にあつては，曳航索及び着脱装置を含む．）の構造，機能及び作動方法に関する知見 　ハ　発動機，発動機補機及び発動機の指示系統の構造，機能，性能及び作動方法に関する知見（曳航装置なし動力滑空機及び曳航装置付き動力滑空機以外の滑空機の場合を除く．） 　ニ　プロペラ，プロペラ補機及びプロペラの指示系統の構造，機能，性能及び作動方法に関する知見（曳航装置なし動力滑空機及び曳航装置付き動力滑空機以外の滑空機の場合を除く．） 　ホ　機械計器，電気計器，ジャイロ計器及び電子計器の構造，機能及び作動方法に関する知見 　ヘ　電子装備品，電気装備品及び無線通信機器の構造，機能及び作動方法に関する知見 三　整備に必要な技術 　イ　機体構造の取扱い，整備方法及び検査方法 　ロ　機体装備品（滑空機にあつては，曳航索及び着脱装置を含む．）の取扱い，整備方法及び検査方法 　ハ　発動機，発動機補機及び発動機の指示系統の取扱い，整備方法及び検査方法（曳航装置なし動力滑空機及び曳航装置付き動力滑空機以外の滑空機の場合を除く．） 　ニ　プロペラ，プロペラ補機及びプロペラの指示系統の取扱い，整備方法及び検査方法（曳航装置なし動力滑空機及び曳航装置付き動力滑空機以外の滑空機の場合を除く．） 　ホ　機械計器，電気計器，ジャイロ計器及び電子計器の取扱い，整備方法及び検査方法 　ヘ　電子装備品，電気装備品及び無線通信機器の取扱い，整備方法及び検査方法 四　航空機の点検作業 五　動力装置の操作（曳航装置なし動力滑空機及び曳航装置付き動力滑空機以外の滑空機の場合を除く．） 　イ　発動機の地上における運転試験 　ロ　諸系統の機能試験及び作動試験 　ハ　故障の発生に対応する操作及び整備方法

資格又は証明	技能証明の限定をしようとする航空機の種類若しくは等級又は業務の種類	科目
一等航空運航整備士又は二等航空運航整備士	飛行機，回転翼航空機，滑空機又は飛行船	一　整備の基本技術 　イ　飛行規程，整備規程その他整備に必要な規則の知識 　ロ　整備に必要な作業及び検査についての基本技術の基礎 二　整備に必要な知見 　イ　機体構造の構造及び機体の性能に関する一般的な知見 　ロ　機体装備品（滑空機にあつては，曳航索及び着脱装置を含む.）の構造，機能及び作動方法に関する一般的な知見 　ハ　発動機，発動機補機及び発動機の指示系統の構造，機能，性能及び作動方法に関する一般的な知見（曳航装置なし動力滑空機及び曳航装置付き動力滑空機以外の滑空機の場合を除く.） 　ニ　プロペラ，プロペラ補機及びプロペラの指示系統の構造，機能，性能及び作動方法に関する一般的な知見（曳航装置なし動力滑空機及び曳航装置付き動力滑空機以外の滑空機の場合を除く.） 　ホ　機械計器，電気計器，ジャイロ計器及び電子計器の構造，機能及び作動方法に関する一般的な知見 　ヘ　電子装備品，電気装備品及び無線通信機器の構造，機能及び作動方法に関する一般的な知見 三　整備に必要な技術 　イ　機体構造の取扱い，整備方法及び検査方法の基礎 　ロ　機体装備品（滑空機にあつては，曳航索及び着脱装置を含む.）の取扱い，整備方法及び検査方法の基礎 　ハ　発動機，発動機補機及び発動機の指示系統の取扱い，整備方法及び検査方法の基礎（曳航装置なし動力滑空機及び曳航装置付き動力滑空機以外の滑空機の場合を除く.） 　ニ　プロペラ，プロペラ補機及びプロペラの指示系統の取扱い，整備方法及び検査方法の基礎（曳航装置なし動力滑空機及び曳航装置付き動力滑空機以外の滑空機の場合を除く.） 　ホ　機械計器，電気計器，ジャイロ計器及び電子計器の取扱い，整備方法及び検査方法の基礎 　ヘ　電子装備品，電気装備品及び無線通信機器の取扱い，整備方法及び検査方法の基礎 四　航空機の日常点検作業
航空工場整備士	機体構造関係	一　整備の基本技術 　イ　飛行規程，整備規程その他整備に必要な規則の知識 　ロ　整備に必要な基本技術の作業方法及び検査方法 二　整備及び改造に必要な品質管理の知識 三　機体構造 　イ　機体構造の構造，整備，改造及び試験に必要な知見 　ロ　機体構造の取扱い，整備方法，改造方法及び試験方法

資格又は証明	技能証明の限定をしようとする航空機の種類若しくは等級又は業務の種類	科目
	機体装備品関係	一　整備の基本技術 　　イ　飛行規程，整備規程その他整備に必要な規則の知識 　　ロ　整備に必要な基本技術の作業方法及び検査方法 二　整備及び改造に必要な品質管理の知識 三　機体装備品 　　イ　機体装備品の構造，機能，整備，改造及び試験に必要な知見 　　ロ　機体装備品の取扱い，整備方法，改造方法及び試験方法
	ピストン発動機関係	一　整備の基本技術 　　イ　飛行規程，整備規程その他整備に必要な規則の知識 　　ロ　整備に必要な基本技術の作業方法及び検査方法 二　整備及び改造に必要な品質管理の知識 三　ピストン発動機 　　イ　ピストン発動機，ピストン発動機補機及びピストン発動機の指示系統の構造，機能，性能，整備，改造及び試験に必要な知見 　　ロ　ピストン発動機，ピストン発動機補機及びピストン発動機の指示系統の取扱い，整備方法，改造方法及び試験方法
	タービン発動機関係	一　整備の基本技術 　　イ　飛行規程，整備規程その他整備に必要な規則の知識 　　ロ　整備に必要な基本技術の作業方法及び検査方法 二　整備及び改造に必要な品質管理の知識 三　タービン発動機 　　イ　タービン発動機，タービン発動機補機及びタービン発動機の指示系統の構造，機能，性能，整備，改造及び試験に必要な知見 　　ロ　タービン発動機，タービン発動機補機及びタービン発動機の指示系統の取扱い，整備方法，改造方法及び試験方法
	プロペラ関係	一　整備の基本技術 　　イ　飛行規程，整備規程その他整備に必要な規則の知識 　　ロ　整備に必要な基本技術の作業方法及び検査方法 二　整備及び改造に必要な品質管理の知識 三　プロペラ 　　イ　プロペラ，プロペラ補機及びプロペラの指示系統の構造，機能，性能，整備，改造及び試験に必要な知見 　　ロ　プロペラ，プロペラ補機及びプロペラの指示系統の取扱い，整備方法，改造方法及び試験方法
	計器関係	一　整備の基本技術 　　イ　飛行規程，整備規程その他整備に必要な規則の知識 　　ロ　整備に必要な基本技術の作業方法及び検査方法

資格又は証明	技能証明の限定をしようとする航空機の種類若しくは等級又は業務の種類	科目
航空工場整備士	計器関係	二　整備及び改造に必要な品質管理の知識 三　計器 　イ　機械計器，電気計器，ジャイロ計器及び電子計器の構造，機能，整備，改造及び試験に必要な知見 　ロ　機械計器，電気計器，ジャイロ計器及び電子計器の取扱い，整備方法，改造方法及び試験方法
	電子装備品関係	一　整備の基本技術 　イ　飛行規程，整備規程その他整備に必要な規則の知識 　ロ　整備に必要な基本技術の作業方法及び検査方法 二　整備及び改造に必要な品質管理の知識 三　電子装備品 　イ　電子装備品の構造，機能，整備，改造及び試験に必要な知見 　ロ　電子装備品の取扱い，整備方法，改造方法及び試験方法
	電気装備品関係	一　整備の基本技術 　イ　飛行規程，整備規程その他整備に必要な規則の知識 　ロ　整備に必要な基本技術の作業方法及び検査方法 二　整備及び改造に必要な品質管理の知識 三　電気装備品 　イ　電気装備品の構造，機能，整備，改造及び試験に必要な知見 　ロ　電気装備品の取扱い，整備方法，改造方法及び試験方法
	無線通信機器関係	一　整備の基本技術 　イ　飛行規程，整備規程その他整備に必要な規則の知識 　ロ　整備に必要な基本技術の作業方法及び検査方法 二　整備及び改造に必要な品質管理の知識 三　無線通信機器 　イ　無線通信機器の構造，機能，整備，改造及び試験に必要な知見 　ロ　無線通信機器の取扱い，整備方法，改造方法及び試験方法

参 考 文 献

1. 斉藤孝一：新航空法規解説，日本航空技術協会（2009 年 3 月）
2. 日本航空技術協会編：航空整備士全資格学科試験ガイド，日本航空技術協会（2010 年 8 月）
3. 日本航空技術協会編：2005 年版　航空整備士学科試験問題集　問題編および解答編，日本航空技術協会
4. 日本航空技術協会編：2008 年版　航空整備士学科試験問題集　問題編および解答編，日本航空技術協会
5. 日本航空技術協会編：2011 年版　航空整備士学科試験問題集　問題編および解答編，日本航空技術協会

索　引

あ　行

安全性を確保するための強度，
　　構造及び性能についての基準　48

移転登録　31

運航規程　173
運用許容基準　177
運用限界　45

オーバーホール　89

か　行

確認主任者　96, 100
型式承認　81
型式証明　57
型式設計変更　58
滑空機　15
滑空機用航空日誌　131

基準適合証　100
機長の出発前の確認　162
技能証明の限定　107
技能証明の取消　117
救急用具　151
救急用具の点検　154

計器飛行　3

航空運送事業　4
航空機　3
航空機基準適合証　100
航空機使用事業　4
航空機登録原簿　27
航空機登録証明書　28, 29
航空機に備え付ける書類　133
航空機のかまち　33
航空機の航行の安全を確保するための
　　装置等　134
航空機の使用者が保存すべき記録　143
航空機の整備又は改造　91
航空機の灯火　160
航空機の登録　27
航空機の燃料　157
航空機の用途　45
航空業務　3
航空従事者　3
航空従事者技能証明　107
航空整備士の業務範囲　112
航空日誌　130
航空法　1
航空法施行規則　1
航空法施行規則附属書　1
航空法施行令　1
航空法の体系　2
国際航空運送事業　4
告示　89
国籍等の表示　127
国内定期航空運送事業　4

さ 行

SHELモデル　188
識別板　34
試験の免除　116
試験飛行等の許可　55
修理改造検査　73
仕様承認　81
新規登録　29

整備及び改造　18
整備改善命令　53
整備規程　173
整備手順書　17
整備と改造の作業区分　19
設計基準適合証　101

騒音の基準　48
操縦室用音声記録装置　140
装備品基準適合証　101

た 行

耐空検査員　56
耐空証明　43
耐空証明の検査内容と基準　48
耐空証明の有効期間　52
耐空性審査要領　1
耐空類別　46
短期記憶と長期記憶　192

地上備え付け用発動機航空日誌　131
地上備え付け用プロペラ航空日誌　131

追加型式設計変更　58

搭載用航空日誌　130
登録記号の打刻　33
特定救急用具　154

な 行

認定事業場　93

は 行

爆発物等の輸送禁止　163
罰則　181
発動機等の整備　89
発動機の排出物の基準　48

飛行規程　16
飛行記録装置　140
飛行経歴その他の経歴　116
ヒューマンエラーの管理　192
ヒューマンファクター　187

変更登録　30

法第19条第2項の確認　92

ま 行

まつ消登録　31

や 行

予備品証明　77
予備品証明書　79
予備品証明におけるみなし処置　79

〈著者略歴〉

小山 敏行（こやま・としゆき）
　1969 年　北海道大学大学院工学研究科機械工学専攻修士課程修了
　1969 年　三菱重工業株式会社入社
　2004 年　第一工業大学航空工学科教授
　　　　　現在に至る

　著書　『熱力学きほんの「き」』森北出版，2010

航空整備士のための「航空法規等」── 34 の Key で合格 ──
2012 年 3 月 16 日　初　版

　　　　　　著　者　小山敏行

　　　　　　発行者　飯塚尚彦

　　　　　　発行所　産業図書株式会社
　　　　　　　　　　〒102-0072 東京都千代田区飯田橋 2-11-3
　　　　　　　　　　電話　03 (3261) 7821 (代)
　　　　　　　　　　FAX　03 (3239) 2178
　　　　　　　　　　http://www.san-to.co.jp
　　　　　　装　幀　菅　雅彦

© Toshiyuki Koyama 2012　　　　　　　　　印刷・製本　平河工業社
ISBN978-4-7828-4103-7 C3053